3D列印機×3D掃描器新時代

原 雄司－著

透過類比與數位的融合來改變世界

ABBA-Atom to Bit / Bit to Atom

將實體化為電子資料 / 將電子資料化為實體

序言

這幾年來，人們對於 3D 列印機的關注程度高到令人瞠目結舌。再加上，最近市面上已經出現既便宜又好用的 3D 掃描器，能將實物化為 3D 資料的條件也齊全了。

於是，過去只侷限於以製造業為首的部分人士的「創作」，變得能讓更廣泛的人群接觸到。人們也常用「自造者（Makers）」這個詞來談論這種現象，我覺得這不單顯示出，任何人都能成為「Maker（製造商）」，這種現象也說明了，「製造者」與「使用者」、「販售者」與「消費者」這兩種立場的關係與界線正在產生變化。

藉由運用 3D 列印機與 3D 掃描器這類數位設備，人們變得能夠實現「過去因為時間與成本而無法實現的事」。透過從前那種以大量生產為前提的製造方式，無法因應某些需求，像是針對行動不便者、高齡者等的個人需求來提供客製化服務。不過，到了現在，這些都辦得到。

在原有的製造業中，「物品製造」這件事應該也產生了很大的變化吧！在航空 • 宇宙領域，人們已經開始運用 3D 列印機來製作零件。在醫療領域，人們使用生物細胞來進行 3D 列印機的研發工作，食品 3D 列印機也正在步入實用階段。

今後，數位設備的技術進步速度應該也會變得愈來愈快吧！我覺得這就像是網路與 PC 的進化與普及。原本為營業用途的主機（host computer）與工作站變成了個人用的 PC，更由於網際網路的普及，在個人之間，也變得能夠進行以電子郵件為首的資料交換。到了如今，因為智慧型手機等行動裝置的普及，資料交換變成了理所當然。

當 3D 列印機主要仍是營業用途時，廠商就推出了個人也買得起的機種。在網路變得更加普及的現在，個人也能透過網路來傳輸 3D 資料。再加上，原本很昂貴的高專業性 3D-CAD 與 CG 軟體也推出了免費版，而在本書書名所提到的 3D 掃描器方面，廠商也推出了個人取向的機種。

這種環境的變化使 3D 資料變得愈來愈重要，3D 資料交流網站等相關商業活動也開始蓬勃發展。藉由確實掌握其進步，並看清未來的趨勢，應該就能開拓出一個未知的世界。要如何運用新技術、要如何改變世界，全都取決於大家的點子。希望本書能夠助大家一臂之力。

最後，我要藉這個機會，向協助採訪的 IT 記者林信行先生、「TOKYO MAKER」的毛利宣裕先生、「id.arts」的米谷芳彥先生、雕刻家名和晃平先生、「IAMAS」的小林茂先生、「Little Lab」的井上加代子女士，以及實例中所介紹的許多企業人士表達感謝之意。

2014 年 7 月

K's DESIGN LAB
執行董事兼社長
（代表取締役）

原　雄司

CONTENTS

chapter 1

製造業的變遷

在與 IT 記者林信行先生的對談中，將闡明透過 3D 列印機與 3D 掃描器的融合，能夠實現什麼？世界會如何改變？

攝影・栗原克

原雄司 ─┼─ 林信行

這世上充滿了資料

原雄司（以下簡稱原）　我記得第一次和林先生見面是在 2008 年夏天，當時參加的活動是水戶藝術館的藝術巡迴展對吧！

林信行（以下簡稱林）　那剛好是我們兩個共同的朋友所企劃的巡迴展，所以我朋友就把你介紹給我認識了。

原　我當時有看過幾本林先生寫的書，知道你的名字，不過我沒有立刻發現到就是本人。我記得當時「iPhone」剛在日本發售，我看到林先生手上的 iPhone 實機後，便覺得「是個喜歡嘗鮮的人（early adopter）啊！」。

林　我則是對原先生的手錶感到很驚訝！

原　你是說每個零件都是用金屬 3D 列印機製成的手錶，對吧！這是因為我當時每天都戴著這隻錶。

林　讓我感到驚嚇的是，當時就算有人提到 3D 列印機，我也不太能夠理解，想不到竟然能做出可以確實運作的手錶。

總覺得驚人的事情發生了

原　林先生第一次知道 3D 列印機是在什麼時候呢?

林　雖然我從相當久之前就有在報導中看過，但第一次看到實物則是在 2006 年秋葉原 UDX 蓋好時。

原　你當時產生了什麼印象？

林　老實說，覺得別人最初介紹時所使用的樣本模型，也對我造成了很大影響。這種說法也許有點不好聽，但最初聽聞 3D 列印機時，只想得到「這能夠用來製作秋葉原在販售的玩偶」這類的用途。

原　印象不怎麼好嗎？

林　對啊！雖然認為那是一種魔法般的技術，只要擁有 3D 資料，就能輸出實物，但帶給我的感動卻有點薄弱。相反地，感到非常遺憾的是，明明技術很出色，但卻感受不到其用途之廣。不過，在和原先生交談的過程中，印象就逐漸改變了喔!

原　喔！是這樣啊！

林　一開始「這個機器只能用來完全地模仿玩偶等物的外形」這種印象太強烈，所以實際上，看不出要如何與商業活動結合。在不知何時的遙遠未來，製造業也許會產生很大變化，但我看不見那種情況。

原　的確！即使試著觀察「過去 3D 列印機熱潮的結束」，大概也會覺得「只有某些特定使用者，會使用這樣的設備」這一點會阻礙技術的發展，對吧！

林　與原先生相遇時，雖然和 3D 沒有直接的關聯，但我和 Digital Fashion 公司（總公司位於大阪市）的森田修史先生變得很要好。該公司的「DressingSim」是一套能夠模擬時裝秀排演的軟體，可以反覆試驗「當衣服的材質改變後，衣服的飄動方式會如何改變」，而且也具備「透過 2D 的衣服紙型來製作 3D 衣服形狀」的功能。

原　其實我有和森田先生一起工作過喔！那項工作是關於 K's DESIGN LAB 所研發的 D3 Texture 技術。從 2014 年 2 月底到 3 月上旬，大阪的阪急百貨梅田店舉辦了「Fashion Meets Digital 展」，K's DESIGN LAB 也展出了 3D 列印機，Digital Fashion 公司則介紹了「虛擬試作」，以及能夠設計衣服花紋的「couture digital」等數位技術。

林　原來是這樣啊！我和原先生算是相當有緣呢！因此，在認識了森田先生的同一時間，大概是 2011 年 3 月，在「TED 大會」中看到外科醫師安東尼．阿塔拉（Anthony Atala）發表了「以活體細胞為材料，透過 3D 列印機來製造出人體器官」這項研究。

原　我也有看，那真是厲害啊！

林　如果材料是樹脂或金屬的話，也許就是製造業的領域，但 3D 列印技術的用途會發展得更廣。我腦中浮現出了 3D 列印機最終的模樣，有朝一日，也許在西元 3000 年左右，人類會發明出能以原子單位來列印的 3D 列印機。

原　那種感覺就像是，透過 3D 資料能夠做出任何形狀，對吧！

林　沒錯。再加上，同一個時期，我也在神戶大學聽到了「很早就將 iPad 引進手術室內的朋友－杉本真樹醫師，他運用電腦斷層掃描的資料，製作出模擬內臟形狀的立體模型」這件事情。在連續不斷聽到關於時裝、細胞之類的事情後，我開始覺得「驚人的事情發生了」。

這世上充滿了 3D 資料

原　如果說，透過虛擬 3D 資料，來製造實際物體的是 3D 列印機，那透過實物來製造 3D 資料的，就是 3D 掃描器。你對 3D 掃描器有什麼想法嗎？

林　其實，這世上充滿了 3D 資料，所以我認為，製作 3D 資料沒有那麼重要。

原　這世上的確有很多虛擬的 3D 資料，像是「Google Earth」與「Second Life」之類的。

林　這是因為，將這類 3D 資料進行轉換，就能轉換成 STL 檔（3D 列印機的輸入格式）。不過，我逐漸了解到製作 3D 資料，其實是一件很困難的事。

原　就是說啊！拜 3D 列印機的熱潮所賜，我覺得「3D 資料的製作」好像被人們遺忘了。我希望人們對 3D 建模能有更進一步的了解，使建模工作變得更加簡單。雖然透過 3D 掃描器取得的資料無法直接輸入到 3D 列印機中，但我認為如果想要將實物，化為 3D 資料的話，3D 掃描器仍是一種有效的方法。

林　最近，有運用 3D 列印機和 3D 掃描器的 3D 照相館也增加了呢！

原　似乎有許多人會像「在紀念日到照相館拍攝全家福」那樣，使用這類服務。大多數的情況，會使用石膏粉當做材料，透過彩色 3D 列印機來製作出模型。

林　能夠製作出彩色的立體模型，會令人感到相當震撼，對吧！

原　我認為「3D 照相館」這個名稱也是一個非常好的廣告標語。只不過，在思考這項事業時，最好要多留意「設備的初期投資」與「修正資料所需花費的工夫」，是吧！

林　最近有一款名為「Autodesk 123D Catch」的 App，能夠將 iPhone 所拍攝的照片進行合成，製作成 3D 資料。如果是小玩偶的話，使用這類 App，也許比較能夠降低成本。

原　準備很多台數位相機，並將那些相機設置在四面八方，就能瞬間拍完全身的照片。只不過準確度會稍微下降，如果是縮小後的人物模型的話，這樣也許就夠了。

林　假如使用一般 3D 掃描器的話，掃描對象有時必須在幾分鐘內一直維持相同姿勢，那樣會相當難受，對吧！

原　我的公司也有提供名為「Snap&Touch」的服務。由於我們在四個角落設置了 3D 掃描器，所以只要 6 秒鐘就能完成掃描。說到這裡，據說前幾天有個年過七十的客人上門光顧，工作人員幫她掃描了她身穿婚紗的模樣。

林　是指她女兒嗎？

原　不，是她本人。聽說她似乎因故而沒有舉辦過婚禮，所以想要留下一個回憶。

林　不過，今後業者不能只是為客人創造回憶，如果沒有創造出實際利益的話，也許就無法繼續經營下去。現在最看好的，依然是與人體相關的用途，像是「能夠彌補殘缺部位」之類的用途。

原　到時候，由於產品必須具備一定程度的精準度，也就是說，要和實物大小一樣才行，所以對於精準度的要求也會提高。

林　在那些回憶當中，我對在 2012 年參加「EuroMold」（每年在德國舉辦的展覽）時的事情留下了印象。當時，我有事先和原先生討論過，對吧！

原　是啊！實際參觀過展覽後，你留下了什麼印象？

林　我記得 3D 產業相關廠商……總之就是很有活力。那時，美國 3D Systems 公司剛好收購了研發反向工程與檢測軟體的 RapidForm 公司，而且美國的 Stratasys 社與以色列的 Objet 公司這兩家 3D 列印機大廠也正在商討合併事宜。

原　EuroMold 也是我一定要去的展覽喔！據說在 2013 年的 EuroMold 中，射出成型機廠商展出了，不是使用「積層製造技術」，而是使用射出成型原理來製作立體模型的裝置。成型機廠商與工具機廠商等，今後似乎也會進入這個領域。

3D 產業與網路的關聯

原　我覺得 3D 列印機與 3D 掃描器，和電腦、網路等林先生所擅長的 IT（資訊科技）領域很搭，你覺得呢？

林　沒錯喔！我覺得現在的 3D 列印機熱潮果然還是跟「3D 產業與網路之間的親和性很高」這一點有關。

原　我首先想到的是「3D 資料共享網站」。只要下載 3D 資料，大部分都能直接輸入到 3D 列印機中。在使用便利性方面，這點相當重要呢！

林　以「使用 3D 列印機來製作模型」為前提的電子交易市集（Online marketplace）也不斷出現。

原　既然是 3D 列印機，就能在接單後再依照客戶要求來製造商品，所以不需囤貨。在販售不知何時能賣掉多少的商品時，這一點也會成為一項後盾。不過，依照產品種類，有時其實也會使用到「切削」與「成型」等傳統加工統加工技術。在面處理等加表工方面，以往的物品製造訣竅仍會發揮很大作用。

林　從「3D 資料的製作」這一點來看，在網路上的服務之中，能夠輕易製作

這隻手錶的零件是用金屬 3D 列印機製成的。

3D 資料的應用程式也增加了。

原　雖然無法像 3D-CAD 那樣自由地製作形狀複雜的模型，但若是能夠確實地做出品質達到某種程度的模型的話，透過具備引導操作功能的使用介面，應該就能應付相當多的需求。

林　從「與網路結合」這一點來看，Yahoo 所推出的「可觸摸式搜尋機器」也是一項很棒的嘗試，對吧！機器會依照使用者說出的關鍵字在網路上搜尋 3D 資料，然後透過安裝在機器內的 3D 列印機來列印出實物。我認為這是很棒的想法。對於視障人士來說，不管電腦螢幕上所顯示的圖案再怎麼漂亮，也無法傳達給他們。透過 3D 列印機來製作物體的模型，讓視障人士用手觸摸，就能實際感受物體的形狀。

原　我覺得這項嘗試提昇了 3D 列印機的可能性。

林　美國的史密森尼博物館透過 3D 掃描器來掃描所有收藏品，並將那些 3D 資料公開，對吧！

原　沒錯喔！那很厲害呢！雖然不能用於商業用途，但在教育機構等處，用途似乎會愈來愈廣。

林　由於收藏品數量應該很龐大，所以大概還要花上許多時間才能完成這項工作吧！即使不去當地，也能將世界各地的收藏品製作成實體模型。再加上，還能從在當地無法看到的角度來觀察、觸摸這些模型。

原　K's DESIGN LAB 也親自參與了相當多「透過 3D 掃描器來將文物掃描成 3D 資料的工作」。

林　我認為保護文物是一件非常有意義的事喔！在因應「歲月造成的劣化」與「天災導致的損壞」等情況方面，此對策也很有意義。我們可以想像得到，如同剛才提到的「可觸摸式搜尋機器」那樣，藉由將其與 3D 列印機結合，就能將文物「可觸摸化」。

原　我也有同感。其實，已經有人在嘗試將文物「可觸摸化」了。像和歌山工業高等學校與和歌山縣立博物館正在進行合作，透過 3D 掃描器來掃描部分收藏品，然後使用 3D 列印機來製作複製品，進行展示。

林　我希望今後這項事業能持續不斷地在日本國內推廣。

原　在製造業中，人們也會重新認識試作品。從實物中所取得的資訊量，一定多得驚人。這就是所謂的「可觸摸化」，對吧！

溝通工具

原　以前，CAD 供應商或媒體會推行「使用『數位化產品模型（Digital Mock-Up）』與『省略試作步驟』這類術語，並在評價產品時以成本為最優先考量」這種做法。不過，到了現在，過度的數位化與虛擬化卻引發了反作用。

林　數位化的弊病在於「在畫面中就把所有事情處理完」這一點，對吧！

原　聽說，某個中小企業的人士在參加商討會時，必定會將用低價個人 3D 列印機製作出來的實物模型帶到現場。那個人說，雖然精

*註：只透過電腦的輔助來進行設計，確認模擬成果後，就進入正式生產步驟

準度當然不怎麼高，但在商討會的現場，模型所具備的可理解性與文件資料完全不同。據說，他會一邊觸摸用 3D 列印機製作出來的實物模型，一邊追問「我想要像這樣地接合，能夠順利連接嗎？」、「我想要把產品做成這種感覺，應該用模具來成型，還是要稍微變更設計，用金屬板來製作比較好呢？」這類問題。

林　這是一種很出色的溝通方式，比光看設計圖或許 3D 資料來得好懂，是吧！

原　一般來說，製造業人士有時會比較重視規格，即使是使用廉價 3D 列印機做出來的模型，在研發的初期階段還是能夠發現各種問題。最重要的是，這樣做有助於確認尺寸。雖然我也接觸 3D-CAD 將近 30 年了，但光靠資料，還是無法了解微妙的尺寸差異。我總是會產生「想要把手伸進畫面中」的心情。如果只負責一項產品的話，那就另當別論，不過在研發各種產品時，能夠確實掌握所有產品尺寸的人，我想並不多。

林　「未必需要高精準度的 3D 列印機」，這一點是大家要先有概念的，對吧！

原　我認為以溝通工具來說，3D 列印機不僅能夠傳達想要製作的物品的形狀，還能同時傳達「想要製作這項物品」的想法。只要這樣子想，就會發現

透過 3D 掃描器來將文物（左）掃描成 3D 資料，並利用 3D 列印機來製作複製品（右）。

3D 列印機的用途會變得更加寬廣。舉例來說，我認為這項工具應該也能讓一般小工廠進化成「向前邁進一步的提案型鄉鎮工廠」，工廠能一邊迅速地透過 3D 列印機來將個人或中小企業帶來的 3D 資料製作成模型，並憑藉自己公司所累積的訣竅，一邊提供關於實際製作物品的諮詢服務。

参與者會愈來愈多

原　我剛才有提到，3D 列印與掃描技術的運用範圍很廣，並非只限於製造業，也能運用在時裝與醫療等領域。如同雕刻家名和晃平那樣，有的藝術家也會運用 3D 掃描器和 3D 列印機。

林　在原先生的介紹下，我也見過名和先生了。見識過他運用 3D 工具的情況後，我受到了相當大的刺激。

原　雖然名和先生並非在創作所有作品時都會使用 3D 工具，但他會試著用 3D 列印機來列印出大型作品的縮小版模型，在實際的展示作品中，有一部分是利用 3D 列印機製作出來的。

林　量販店也開始販售 3D 列印機了，什麼樣的人會購買呢？

原　「山田電機」也已經開始販售了，高齡者與主婦意外地對此感興趣。

林　咦～會用來做什麼呢？

原　他們似乎真的會用來製作日常生活用品喔！像是用來貼在孩子包包上的姓名標籤、鉛筆筒等。

林　高齡者也會對 3D 列印機感興趣嗎？

原　在時間與金錢上稍微寬裕，且想要挑戰新事物的人似乎還蠻多的。有些人，會想要透過 3D 掃描器，來將自己的收藏掃描成 3D 資料，並試著列印出來。另外，似乎也有很多人對自助器具（輔具）感興趣。

林　由於自助器具的最佳形狀因人而異，所以 3D 掃描器與 3D 列印機似乎很適合用來製作這類器具。

原　這次，3D 列印機的使用者，或者該說能活用 3D 列印機的參與者，像這樣地廣泛增加，也許是第一次呢！

林　那是什麼意思？

原　我們可以將現在圍繞著 3D 列印機的運動，視為繼 2000 年時的第 1 次熱潮與 2008 年時的第 2 次熱潮，之後的第 3 次熱潮。在過去的 2 次熱潮中，3D 列印機並沒有真正地普及。雖然這跟「網際網路泡沫熱潮消退」與「雷曼兄弟迷你債券事件（2008 年金融危機）」等經濟因素也有關，但以我們這些 3D 資料專家的立場來說，還有其他原因。首先，給人「如果不是能夠操作高階 CAD 的專家的話，就無法使用 3D 列印機」這種印象是原因之一。另一個原因為，將 3D 列印機視為賺錢商品的企業，在不熟悉產品的情況下，就進口機器販售。因此，我認為「維修服務不充分」等狀況，反而會破壞用戶對於 3D 列印機的印象。因為本公司也是那樣的用戶之一。

林　也就是說，這次變得很不一樣，對吧！

原　與過去 2 次熱潮相比，這次進步最多的部分是價格。與第 1 次熱潮相比，精準度與材料種類當然也確實有進步，但價格算是進步特別多的部分。在幾年之前，根本無法想像價格會下滑得那麼快，而且也容易買得到。

使用網路上公開的 3D 資料製作而成的玩偶。

林　畢竟，最近在家電量販店也能夠買得到了。

原　我認為這會使 3D 列印機的用途持續進化。這不僅意味著「個人的使用」，汽車與家電大廠似乎也已經開始進行新的嘗試。

絕對必要的國產 3D 列印機

林　不僅是個人 Makers（創作者），對於企業內的 Makers 來說，3D 列印機似乎也會成為一項強力的武器，對吧！

原　我剛才有說過「3D 列印機是溝通工具」，而且 3D 列印機還有另一項重要作用，那就是秘密研發工具。只要公司方面能夠理解並容許的話，工程師應該就能使用廉價的 3D 列印機，來讓秘密開發與秘密研究的腳步變得更加快速吧！如此一來，也有助於提昇工程師本身的幹勁，而且也許能夠成為一項契機，在企業內培養出帶有熱情且又有點頑皮的 Makers。然後，我們能期待這樣的 Makers 會在企業內掀起一陣有點驚人的革新。

林 原先生也認為，日本國產 3D 列印機是必要的嗎？

原 雖然我的公司，目前有在使用美國製的 3D 列印機，但並不是因為喜歡。也不是要說國外的產品不好，不過即使向國外廠商說「想要這種用法」、「想要這樣的 3D 列印機」，依然很難傳達我們的想法。這不單只是英文能力的問題，同時也是在說明，在細微的要求方面，廠商有許多部分都無法讓我們產生共鳴。

林 這是個難題呀！

原 舉例來說，我認為美國 3D Systems 公司所製造的廉價 3D 列印機「Cube」是一項家庭取向的產品。操作簡單，即使是初學者，在操作時也不會按錯按鈕。另一方面，這項產品採用很簡潔的規格，幾乎無法進行其他設定。雖然這也算是一種很好的概念，但我覺得「如果能讓使用者稍微調整設定的話就好了！」，也很難將我的意圖傳達給美國的廠商。不過，如果是日本廠商的話，應該就能期待「廠商會仔細處理這個問題」吧！

我希望，今後要踏入這個市場的日本廠商，不僅要去研究 3D 列印機這項硬體，在提供軟體與服務時也要考慮到「要怎麼做才能擴大市場」。

能夠製作食品的 3D 列印機也出現了

林　透過 3D 列印機，不僅能製作塑膠或金屬產品，也能製作其他各種產品，對吧！

原　沒錯。舉例來說，像是食品。NASA 已經開始研發「能夠製作披薩的 3D 列印機」，打算運用在太空船內。當我以為這是很久之後的事時，3D Systems 公司就在 2014 年的 International CES 上發表了名為「ChefJet」的 3D 列印機。預定將在 2014 年後半發售，非常令人期待。

林　與其說是在家裡用，倒不如說是營業用途吧！

原　由於會使用巧克力和糖等材料，所以西點店之類的店家應該會引進吧！雖然不是直接製作食品，但情人節那天，我在公司的研討會（workshop）中舉辦了製作「人形巧克力」的活動。

林　人形巧克力啊……

原　透過 3D 掃描器來掃描參加者的頭部與全身，然後使用 3D 列印機來製作出模型。我們採用的方法為，先將模型的形狀複製到矽氧樹脂上，然後再將巧克力倒入樹脂模具中。

林　作法非常講究呢！

使用 3D Systems 公司的「ChefJet」製作的點心

筆者（左）和林先生（右）

原　海外的媒體報導了這個研討會，有位知名巧克力甜點師（chocolatier）也有來參觀。對方甚至還說，要不要進行業務合作。

林　我也對「能夠使用細胞等材料來製作器官的再生醫學類 3D 列印機」抱持很大期待。雖然距離實現還很遠，但在這個領域，以佐賀大學為首的日本專家非常努力。

原　也有以混凝土為材料的巨大 3D 列印機。據說，透過這種設備就能蓋房子。

林　從非常廣泛的定義來看，3D 列印機的應用和所有製造業都有關聯吧！我覺得今後似乎也會出現，目前無法想像的使用方式。

chapter

2

製造場所的擴大

藉由運用 3D 列印機與 3D 掃描器來大幅改變製造業的現場。其影響範圍很廣，不僅限於製造業。本章將會說明製造現場的實際情況。

Case1 何謂 ABBA 研發

Atom 與 Bit 的互相轉換

ABBA 研發指的是，先透過 3D 掃描器來將「Atom（實際物體）」的形狀轉換成「Bit（虛擬數位資料）」，然後下次再反過來透過 3D 列印機等設備來將 Bit 轉換成 Atom。由於是將「A」轉換成「B」，然後再將「B」轉換成「A」，所以稱為 ABBA 研發。

這次介紹的 ABBA 研發實例，是關於吹風機外觀設計的決定過程。為了設計出好握的握把形狀，所以採用了這種 ABBA 研發方式。

藉由加上黏土來確認握感

在設計吹風機時，首先要製作 2D 草圖。根據這張 2D 草圖來製作 3D 資料，然後在表面著色，加上渲染效果，確認設計圖。

最初所製作的 2D 草圖

透過 3D 列印機，將這份初期設計的 3D 資料，製作成粗略的實物模型。藉由製作出實體，就能確認「透過 CG 無法確認的握感」等事項。這是因為，這樣做能夠確認握把部分，其粗細程度與按鈕的位置等。使用 3D 列印機來製作產品模型時，能夠藉由在內部結構上多下一些工夫（使部分內部結構變成中空），而能掌握某種程度的質量與重心，所以也能重現實際握起來的感覺。

使用 3D 列印機製作出來的模型，在表面的粗糙程度等方面，大多會和產品有一些差異。因此，我們可以說，要正確地評價關於觸感的部分是很困難的。不過，藉由「研磨表面、進行塗裝」等方式來使其接近實物，也並非不可能的事。

根據此實物模型的評價，來討論 2D 草圖應該要如何修正。舉例來說，在握把部分方面，增加與手掌接觸部分的厚度，做成「即使將手放開也不會倒向旁邊的形狀」。

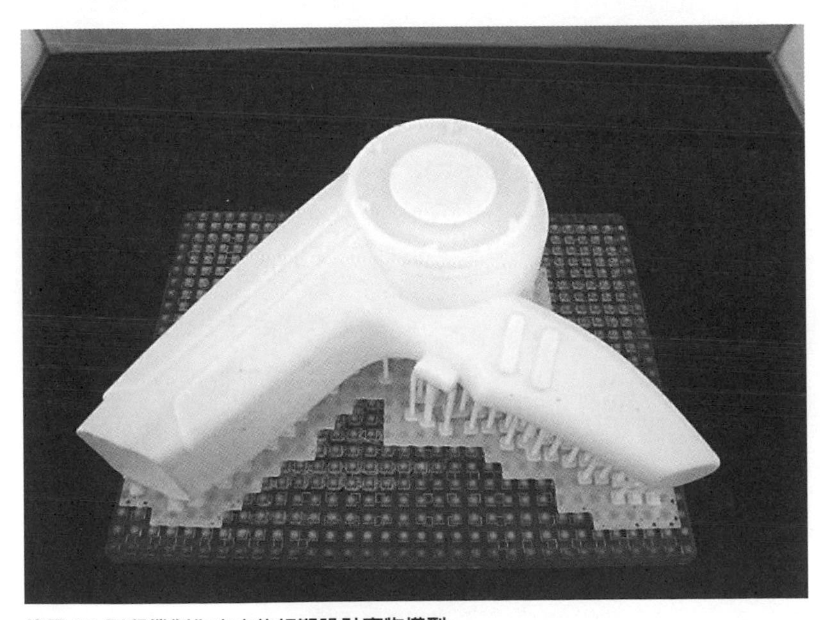

使用 3D 列印機製作出來的初期設計實物模型

由於剛列印完成， 所以支撐部分尚未去除。

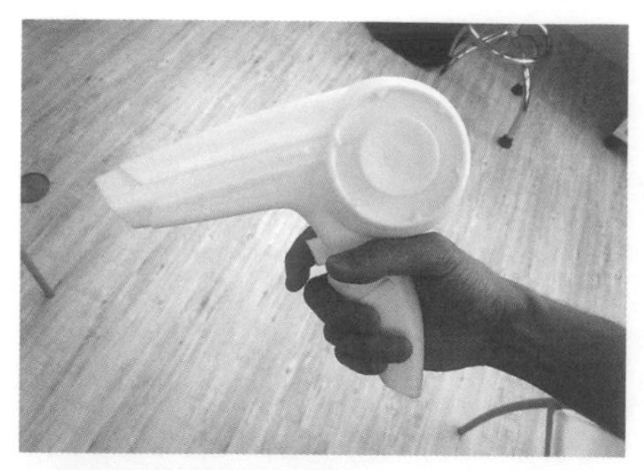

透過實物模型來進行評價

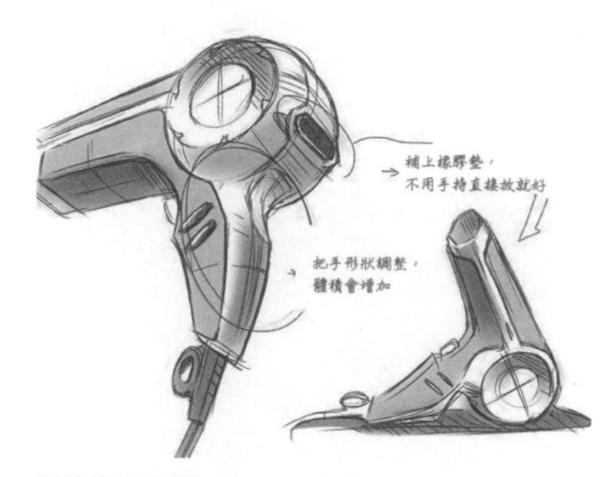

討論修正方案

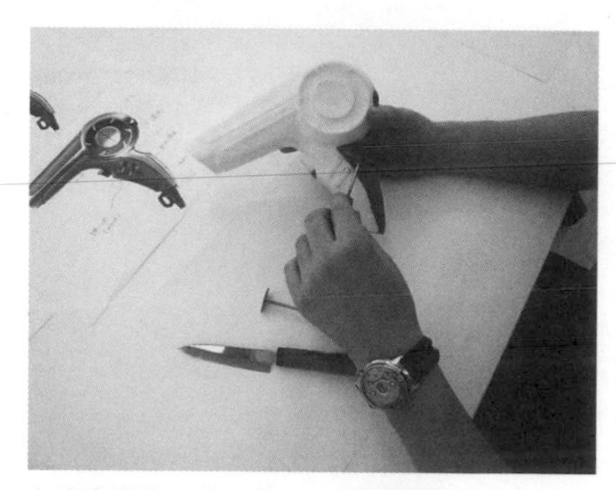

在實物模型上填入黏土，增加厚度

藉由在實物模型上填入黏土（clay）來增加厚度，就能確認具體上要如何運用 3D 形狀來呈現這種修正方案。這是因為，即使要突然透過 2D 草圖來修正 3D 資料，也很難正確地修改形狀。在補足形狀時，可以透過「增加厚度」的方式來應付，但有時候也必須削減模型的形狀。根據 3D 列印機所使用的材料種類，有時也能削減模型的形狀。

像這樣地，藉由「增加厚度」來修改實物模型的形狀後，再次使用實物模型來確認握感等使用感。此時，如果形狀還不夠理想的話，就要先削去黏土，然後再次填入黏土，進行微幅修正。比起「修改 3D 資料，然後透過 3D 列印機製作模型」，這樣做當然比較能在短時間內反覆嘗試。

接著，透過 3D 掃描器掃描微幅修正過的實物模型的形狀。只要將透過 3D 掃描器取得的資料（立體像素資料）轉換成 3D-CAD 資料，該資料就能用來當作外觀形狀的設計資料。將內部結構等 3D 資料與該資料合併，完成此步驟。也就是說，這就是 ABBA 研發。

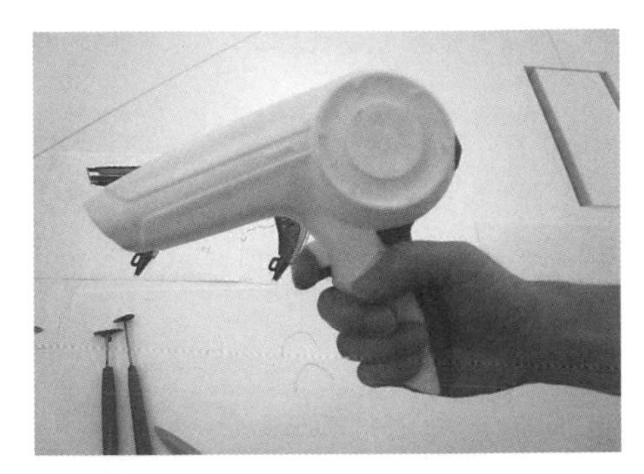

修正方案的評價

透過 3D 掃描器來掃描形狀

透過數位技術來進行表面紋理加工

Trinity 公司（總公司位於埼玉縣新座市）所發售的 iPhone 專用保護殼「次元」系列，是一種表面有經過獨特紋理加工的商品。該商品所使用的是 K's DESIGN LAB 所研發的「D3 Texture®」技術。

「D3 Texture®」這種技術會根據「設計師所想出來的質地」或「透過 3D 掃描器取

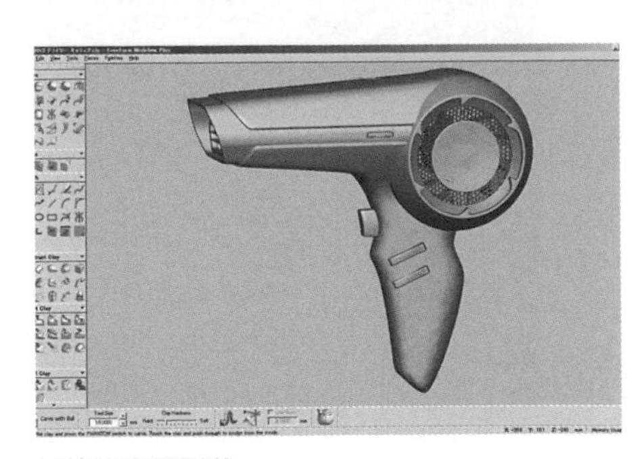

最終的產品形狀

得的天然物的表面形狀」來製作細緻的 3D 資料，並使用該資料在模具表面進行切削加工。由於該紋理形狀會被轉印到成型品上，所以不需要進行塗裝或加工。再加上，3D 掃描器的精準度提昇，以及能夠呈現修正細緻質地的 3D 建模工具的進步，而且在「能透過『由 3D 多邊形匯集而成的 STL 格式的資料』來生成切削加工時的刀具路徑（關於工具的方向與路徑的資訊）」的 CAM（電腦輔助製造）技術中，出現了能夠處理數 GB 的大容量資料的技術，因此能夠實現這種紋理加工方式。在整個過程中，從 3D 資料的製作·處理到模具的加工，都能透過數位資料來進行。人們奠定「透過 3D 資料來呈現非常細微的凹凸形狀，並依照該形狀來正確地加工模具」的技術，實現了此加工方式。

話說回來，Trinity 公司的次元系列智慧型手機保護殼的材質

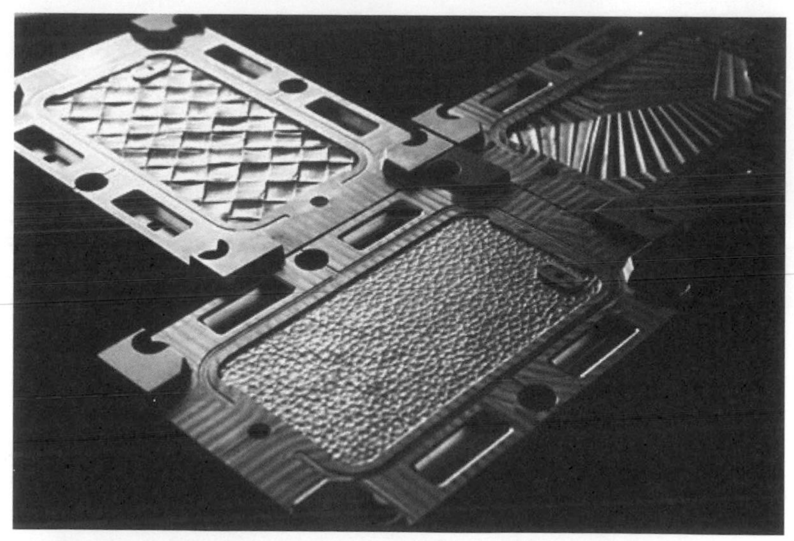

「次元」系列的模具採用了「D3 Texture®」技術

是樹脂。不過，藉由使用「D3 Texture®」技術來重現木紋或皮革的質感，製作出來的成品不僅外觀像木材或皮革，在觸感方面，與其說是樹脂，反而會讓人覺得比較像是木材或皮革。

實際上，在製作這些產品時，會先透過 3D 掃描器來將實際的木材或皮革的形狀掃描成 3D 資料。基於「模具的可成形性」與「實際產品形狀」的考量，人們還會透過 3D 建模工具來進行微幅修正，製作出最終的資料。在對模具進行加工前，也可以透過 3D 列印機，將此 3D 資料製作成試作品，確認完成後的模樣。

這種使用方式，正是先將木材與皮革等實物（Atom）轉換成資料（Bit），然後再透過資料（Bit）來製作出試作品與模具等實物（Atom），所以也能說是一種 ABBA 研發方式。

透過 3D 掃描器來測量右側的木材，並將該資料用在左側的產品形狀上。

立即檢查紋理

來介紹另一個運用「D3 Texture®」技術的實例吧！雖然在掃描天然物時，未必需要「D3 Texture®」技術，但日本菸草產業公司（JT）在 2012 年 10 月設計限量發售的無煙香煙新產品「ZERO STYLE DRIVE CONCEPT」、「ZERO STYLE OFF CONCEPT」、「ZERO STYLE NIGHT CONCEPT」時，採用了「D3 Texture®」技術。用來收納無煙香煙的煙彈的樹脂製主體外殼的表面，採用了數位紋理加工®。

透過「D3 Texture®」技術，我們能夠使用 3D 資料來呈現產品表面的細微凹凸（紋理等），並將該資料運用在模具的加工上，將產品製作成型。我們也能透過 3D 掃描器，從樣品上取得產品表面的資料，將資料拿來運用。在不對模具進行加工的情況下，也能輕易地透過螢幕來確認質感，並使用 3D 列印機來確認產品的形狀。

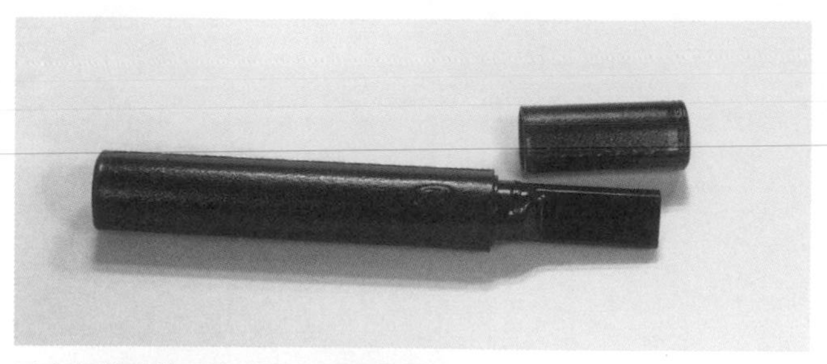

日本菸草產業公司（JT）的無煙香煙主體外殼的外觀，是採用「數位紋理加工®」技術設計而成的。

在此設計專案中，K's DESIGN LAB 從設計到大量生產階段都提供了協助。藉由從設計時就開始考慮「模具專用的脫模角度（draft angle）」與「分模線（parting line）的位置」，並透過 3D 資料來確認，就能在省略「重工 *」步驟的情況下實現大量生產化。

簡易的試作品由三美公司（總公司位於東京）協助製作，大量生產商品的成型面的加工則由樫山模具工業公司（總公司位於長野縣佐久市）提供協助。在討論設計與可成形性時，不僅是 3D 資料，連實物的存在意義也變得很重要。藉由使用 3D 列印機來製作出試作品，在討論時就能大幅提昇溝通上的精準度。

雖然需要反覆製作試作品，但此方式能夠將「從設計結束到試作、完成大量生產模具」的期程，至少減少為平常的一半，也就是約 3 個月。

* 譯註：rework，因發現重大問題而需要回到上一階段。

Case2 超高速的物品製造
透過數量龐大的試作品來反覆驗證

在 Case1 的 ABBA 研發中，我們介紹了透過「實物與虛擬資料的互相轉換」來進行研發的過程。在 Trinity 公司與 JT 公司的實例中也能得知，運用此方法的最大優點在於，能夠縮短研發時間。在剛才的實例中，如同「D3 Texture®」技術那樣，用 3D 列印機製作出來的試作品在形狀上必須具備較高的精準度。為了重現形狀，有些產品也會追求更高的精準度。

蜻蜓鉛筆公司

蜻蜓鉛筆公司在 2013 年 3 月發售的修正帶「MONO ergo」，

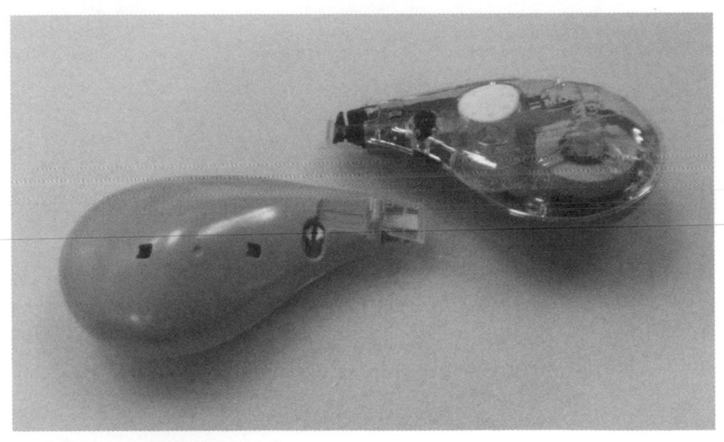

修正帶「MONO ergo」
為了提昇握起來的舒適度與便利性，專家們製作了許多試作品，反覆進行試驗。

是由該公司與金澤大學教授柴田克之先生共同研發的產品。這項產品是專家依照人體工學（ergonomics）的觀點，經過反覆思考才設計出來的，用起來很順手。在決定形狀的過程中，3D 掃描器與 3D 列印機發揮了很大作用。

我們採用了「先以手工的方式來削出發泡聚苯乙烯（以下稱為發泡苯乙烯）製的試作品，並調整好形狀後，再以此為基礎，透過 3D 列印機來製作出實驗用的試作品」這種有備用方案的方法。在反覆進行這項步驟的過程中，檢驗數量龐大的試作品，以提昇產品競爭力。

要如何創造出最初的形狀呢？

MONO ergo 的研發計畫，是專家們在了解到「有一定比例的消費者即使知道修正帶的存在，卻『無法順利地施力』，或是『無法順利地擦掉瞄準的位置』」這個問題的現狀後才產生的。為了因應這類使用者的不滿意見，專家們提出「運用人體工學的原理，以科學觀點來提昇便利性」這一點來當做研發目標。

然而，據說此計畫的第一步，也就是在設計形狀的草案階段，就突然受挫了。雖然能夠立刻調查現有產品的便利性評價，並挑出會影響便利性的要素，但在設計最初的形狀草案時，專家們卻遲遲找不出「要做成什麼樣的形狀才能滿足那些要素呢？」這個問題的答案。

大學與蜻蜓鉛筆公司雙方也沒有積極地交換意見，時間只是一味地流逝。在這種情況下，有人提出「總之要決定某種形狀」這項看法，並採用發泡苯乙烯來進行試作。

如果採用發泡苯乙烯的話，任何人都能輕易地以手工的方式來修改形狀。以現有產品為基礎，只決定大致上的尺寸，大學與蜻蜓鉛筆公司雙方都能自由設計產品形狀。

只要試著製作試作品，就能一邊設計形狀，一邊實際確認握起來的感覺。如果噴上 Surfacer（底漆）的話，也能對觸感進行評價。不過，如果要正式地評價便利性的話，發泡苯乙烯製的試作品重量太輕，也不夠堅固。因此，該公司透過 3D 掃描器來測量發泡苯乙烯製試作品的尺寸，將外殼形狀掃描成 3D 資料。為了讓重量與重心的位置變得與產品相同，專家們也透過 3D 資料來製作內側的形狀，然後透過 3D 列印機製作出樹脂製的試作品。

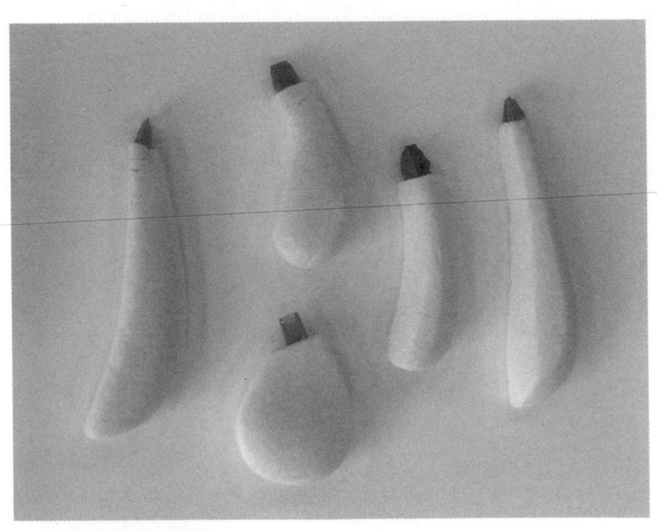

發泡苯乙烯製的試作品

這是最初製作的形狀方案。先透過 3D 掃描器將這些試作品的形狀掃描成 3D 資料，再使用 3D 列印機製作出實驗用的試作品。

以 2 種試作品為一組

像這樣地，在第 1 次試作中，會透過發泡苯乙烯製作多個形狀方案，在第 2 次試作中，則會運用 3D 掃描器將其形狀掃描成 3D 資料，然後透過 3D 列印機製作出實驗用的試作品。

在實驗中，專家們讓各 20 位被視為主要使用者的學生與女性上班族使用試作品。專家們請他們進行 3 次「使用修正帶來塗掉固定長度的文字」的動作，然後請他們主觀地評價「好用嗎」、「好拿嗎」等事項。同時，也會測量「修正帶前端接觸紙張時的角度」、「手指的接觸面積」等項目。

接著，實驗結束後，專家們會再次根據該實驗結果，以手工的方式將發泡苯乙烯削成試作品。這項過程會持續地重複進行。

K's DESIGN LAB 也接受過蜻蜓鉛筆公司的委託，協助進行「透過 3D 掃描器測量尺寸與製作 3D 資料」、「透過 3D 列印機製作模型」等工作。花費不到兩週，就能得到實驗用的試作品。除了透過 3D 列印機製作模型的時間以外，這也包含了「透過 3D 掃描

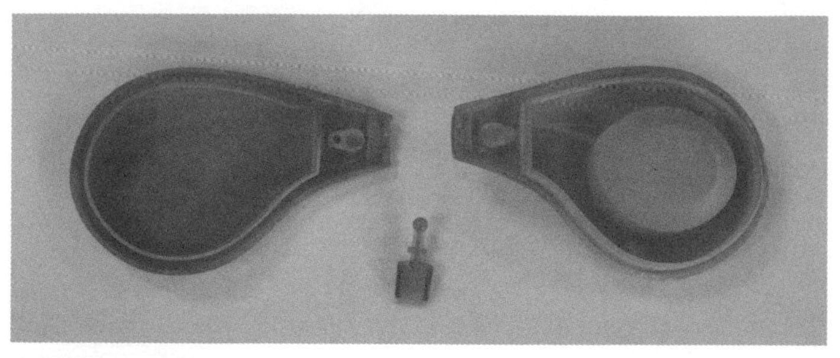

實驗用試作品的內部

為了讓重量與重心的位置與產品相同，所以要調整內部的形狀，並透過 3D 列印機來製作模型。

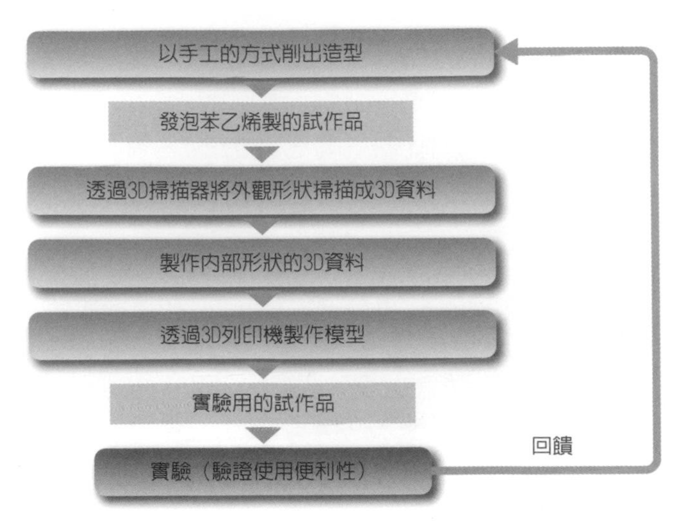

MONO ergo 的討論流程
首先使用容易加工的發泡苯乙烯來製作試作品，並調整形狀方案。根據此形狀方案，使用 3D 掃描器和 3D 列印機來製作實驗用的試作品。

器來取得 3D 資料、修改 3D 資料、模型完成後的加工、運送」等步驟的時間。在重複進行「以 2 次試作為一套循環」的過程中，會有各種新發現。舉例來說，在第三組實驗中，據說有發現每個人的握法都相當不同。

過去專家們認為，為了只讓修正帶前端與紙張接觸，使用者在握住修正帶主體時，會讓手處於漂浮在紙上的狀態。不過，參觀過實驗情況，並聽取受測者的意見後，專家們才得知有的人在握住修正帶主體時，將小指貼在書桌上。

除此之外，專家們也了解到，只要讓主體和手掌之間產生些許空隙，就能只用指尖調整前端位置，提高使用便利性。專家們根據

在第 4 組實驗中製作的實驗用試作品

實驗的結果，位於眼前（最下方）的這個試作品獲得了最高評價。專家們將其形狀稍微修改後，製成了商品。

這些發現，製作了第 4 組試作品。事實上，在第 4 組實驗中所製作的發泡苯乙烯製試作品的數量是最多的，達到了二十幾個。

在這種反覆透過試作品來驗證品質的過程中，專家們終於決定了產品要採用的形狀。觀察過「使用便利性」這項指標後，專家們發現，在最初的試作品中，表現最佳的形狀的使用便利性，比現有產品高出了約 5%，最終決定的形狀，則讓使用便利性提昇了約 15%。

結構部分的收納很費工夫

雖然專家們這樣地決定了好拿又好用的基本形狀，但在包含內部結構的詳細設計階段，又經歷了許多波折。最辛苦的是，結構部分（補充帶）的收納。

如同前述那樣，在決定試作品的尺寸時，專家們會參考現有的產品。不過在決定形狀時，終究還是要以「使用便利性」為優先考量。這樣做的結果，讓專家們了解到，要將結構部分放進外殼內似乎相當困難。

因此，專家們將試作品內塞滿油灰，討論「在不影響使用便利

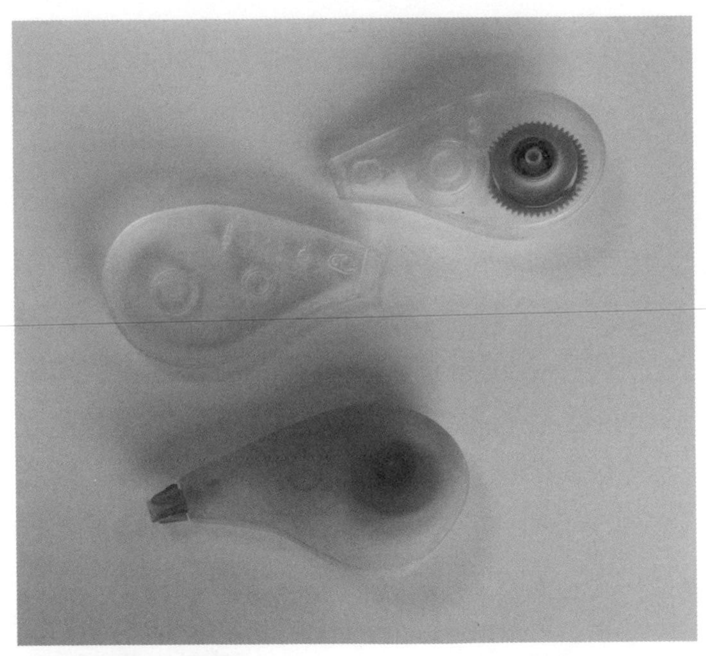

裝入了結構部分的試作品

為了讓結構部分（補充帶）能實際裝入內部，所以稍微修改了外觀形狀。暫定的內部結構也決定後，就試著實際裝入零件。

性的範圍內，能將形狀擴大到什麼程度」，然後透過 3D 掃描器來測量尺寸，並將數據輸入到 CAD 軟體中。接著，在電腦螢幕上確認裝得下後，便依照該討論結果來製作試作品。此試作品的製作目的，不僅是要呈現外殼的形狀，同時也要證明「此產品的內部能夠順利收納結構部分」。

然而，後來專家們發現，要安裝的結構部分比想像中來得大。雖然當初預定要採用新的設計，縮小結構部分，但研發時間受到了「預定發售日」這項條件的限制，所以負責設計結構部分的人提出了「希望能沿用現有產品結構部分的設計」這項要求。在採用這種結構部分的前提下，專家們不得不讓外殼形狀變得相當大。

此時，試作品的實物所具備的說服力發揮了很大的作用。當大家看到能夠裝入結構部分的試作品時，立刻都一致認為「形狀那麼大，就算做成商品也沒有意義」。為了發售產品，大家反而產生了「要設法縮小結構部分」這項共識。

不過，即使要重新設計，還是要讓外殼稍微大一點才行。為了以形狀最佳的試作品為基礎，詳細地討論「要放大到什麼程度」，專家們製作了許多尺寸差距最大為 1mm 的試作品，並確認「不會對使用便利性產生很大影響」這一點。

就這樣，這個研發計畫經過約 4 年後，MONO ergo 終於發售了。我們可以說，專家之所以能夠進行各種調整，以實現方便使用的形狀，並將該形狀用在實際產品上，都要歸功於「在短時間內運用 3D 掃描器和 3D 列印機來製作大量試作品」這一點。

Case3 應用在實體零件與大量生產的商品上
將其視為一種方法，並穩健地發展

在 Case1 與 Case2 當中，我們主要介紹的是，在製造業的研發過程中的運用方式。那麼，我們是否能夠運用 3D 列印機來製作出商品，交到消費者的手上呢？

在這一年中，雜誌與網路等許多媒體中到處充斥著「製造業革命」與「新產業革命」這類詞語。與慶應義塾大學的田中浩也副教授討論時，我們曾聊過「3D 列印機並不會直接趕走現在的製造業」這個議題。田中副教授說：「3D 列印機應該不會現在就立刻趕走製造業，而且我認為『3D 列印機引發製造業革命』這種表達方式有些奇怪。」我自己本身也經常聽到製造業的熟人說出「為何會變得那麼熱門呢？」這類的話。在製造業中，從幾十年前開始，人們就已經將「可以稱為所謂的營業用 3D 列印機的積層製造設備」運用在試作等用途上了。

因此，我也覺得「3D 列印機引發製造業革命」這種表達方式有些奇怪。事實上，製造業本身，尤其是日本國內的製造業，不僅是 3D 列印機，在各方面應該也都面臨必須進行改革的嚴重狀況吧！許多大量生產線轉移到以中國為首的國外地區，國內的大量生產線變得愈來愈少。在這種狀況下，我們也能夠理解，有些人會想要將「不需模具也能製造物品的 3D 列印機」這一點與日本製造業的危機進行連結，並說些煽動人心的聳動話語。

今後，在多品項少量生產與客製化生產的領域中，3D 列印機無疑會發揮作用。舉例來說，在大阪的阪急百貨梅田店所舉辦的活動中，有現場販售用 3D 列印機製作而成的飾品。我們認為，在時尚界中，這種運用方式應該會持續增加吧！

不過，即使是高階的積層製造設備，仍會面臨「材料種類相當有限」等課題。如果是小批生產量的話，需使用到 NC 工具機（數值控制工具機）的切削加工技術也會成為很有效的生產方式。舉個簡單易懂的例子來說，事實上美國 Apple 公司的 MacBook 系列的外殼並不是使用模具製成的，而是使用高精準度鋁材來進行切割，並大量生產的一體式機身（Unibody）。對於製造業人士，尤其是

這是 monocircus 公司的販售攤位的模樣，攤位上擺放著用 3D 列印機製成的飾品。

模具業者來說，這一點所帶來的震撼肯定會比 3D 列印機來得大。無論如何，人們認為，「立刻將所有商品的外殼改成使用 3D 列印機來製造」這一點，仍是很久以後的事。

那麼，若要問「3D 列印機是否對大量生產完全沒有幫助」的話，倒也不是如此。雖然不會直接透過 3D 列印機來製作商品的造型，但會使用 3D 列印機來製作成型用的「模具」。

雖然是一年多以前的報導，但日本經濟新聞曾在頭版刊登過「Panasonic 將 3D 列印機運用在大量家電上」這則報導。那則報導的開頭寫著「Panasonic 將能輕易製作出樹脂或金屬材質的立體物品之 3D 列印機（3D 印刷機）運用在家電產品大量生產上～」。

從標題來看，也可以理解成「直接運用 3D 列印機來製作大量生產的商品的造型，並出貨嗎？」。不過，看過這則報導後，就會發現內容寫的是「透過 3D 列印機來製作生產樹脂零件時所需的模具，能夠減少約 3 成的生產成本……」。也就是說，其內容為，先透過 3D 列印機來製作金屬模具，再運用模具來進行大量生產。

一邊想說「原來如此」，一邊看到報導中穿插的機型照片後，就會產生「這可以稱作 3D 列印機嗎？」這樣的疑惑。該機型的成型方式「金屬光固化複合加工技術」，與現在的 3D 列印機採用的「積層製造法」一樣，首先會透過 CO_2 雷射來對金屬粉末進行燒結，製作出約 0.5mm 厚的模型，然後再透過切削加工技術來對表面進行加工。這種劃時代的生產技術能夠反覆進行這些步驟，兼具積層製造法與切削加工技術的優點。而且，這種出色的技術是日本人在約 10 年前發明的。

從這則報導被刊登出來的那天早上開始，向我打聽「你知道大企業終於要將 3D 列印機運用在大量生產商品上了嗎?」、「我想要買那則報導中提到的 3D 列印機，你知道要多少錢嗎?我想要藉此來創立 3D 列印服務事業」這類問題的朋友就變多了。

不過，那種金屬光固化複合加工設備是所謂的專用設備，或者該說是具備專業生產技術的專家所使用的設備，與最近媒體所報導的個人取向 3D 列印機完全不同。由於這種設備需要專業的操作技術，而且主要是用來製作模具（當然，該設備應該也能製作出 3D 列印機才辦得到的複雜物體），所以如果使用者一開始就不懂模具設計的話，該設備就派不上用場。

不過，只要報導中採用「3D 列印機或 3D 印刷機」這種寫法的話，我認為大部分的人在閱讀報導時應該都會產生「操作簡單，

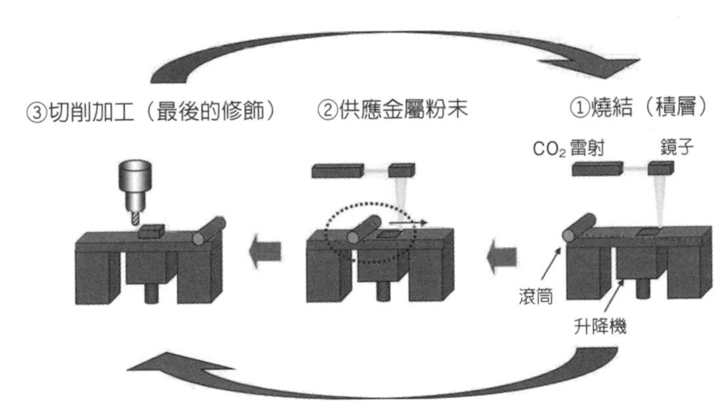

金屬光固化複合加工設備的運作過程示意圖

任何人都會使用的 3D 列印機」這種印象吧！於是，我認為讀者在閱讀報導時，也很有可能會跳過「為了製作模具……」這個部分。

所有類似的設備都叫做 3D 列印機？

最近，如果我們將所有積層製造（添加式製造）設備都統稱為「3D 列印機」的話，就可能會讓人產生意想不到的誤解。3D 列印機的列印方式有很多種，在能夠使用的材料與達到的精準度等方面，每種方法都具備不同的特徵。就算是相同的列印方式，也會分成各種等級。雖然我們認為詳細內容可以參閱 Chapter5，但要用一個關鍵字來談論種類如此多樣的設備，不管怎樣還是很勉強。

雖然不必明確地區分，但在這裡，我們還是試著將 3D 列印機分成「營業用」、「專業人士用」、「個人用」這 3 種。

舉例來說，如果用 2D 列印機（印刷機）來類比的話，印刷業者所使用的大型印刷機就相當於試作業者、大企業、公共研究機構等所使用的「光固化機」與「粉末燒結積層製造機」。辦公室、影印店、商家等所使用的多功能事務機相當於 1000 多萬～數百萬日圓等級的 3D 列印機。家用噴墨印表機則相當於數十萬～數萬日圓等級的個人 3D 列印機。若要更加籠統地區分的話，我們認為「營業用機種必須支付維修費用，個人用機種則可以自由選擇是否要支付維修費用」這種分法也相當簡單易懂。

同時，我們認為大家也應該先了解到「用途會隨著價格範圍而有所差異」這一點。舉例來說，號稱也能製造金屬物品的 3D 列印機，正確來說應該叫做「金屬粉末燒結積層製造機」，所以相當昂貴。另外，能直接使用堅固材料來製作出零件等物的 3D 列印機，也只限於部分具備更高精準度的高階積層製造機。雖然現在買得到的家用個人 3D 列印機，也能使用 ABS 樹脂與 PLA 樹脂等泛用樹脂，但做出來的成品還是無法與高階積層製造機相提並論。

當然，低價 3D 列印機的登場，推動了現在的 3D 列印機熱潮與自造者運動也是事實。不過，由於精準度和材質完全不同，所以大家也應該要先了解到「不同機型在用途上的差異」的事實吧！

CNC 也是 4 種神器之一

以個人身分從事創作時，也就是在自造者運動中，大家知道號稱能發揮重要作用的「4 種神器」嗎？克里斯・安德森（Chris Anderson）的著作《Makers 21 世紀的工業革命開始了》（NHK 出版）* 提到了以下 4 種神器。

（1）3D 列印機
（2）3D 掃描器
（3）雷射切割機
（4）CNC（切削加工機）

* 譯註： Chris Anderson(2012)Makers：*The new Industrial Revolution*, Crown Business, United States. 中文版於 2013 年 5 月在台灣上市，譯作《自造者時代：啓動人人製造的第三次工業革命》。

其中，讓人覺得有點跟不上現在話題的就是 CNC。雖然 CNC 是「Computer Numerical Control」的簡稱，也是「所有工具機的數值控制」的總稱，但在自造者運動中，似乎常被賦予「CNC ≒ 切削加工機」這樣的定義。

對模具業者、試作業者來說，「綜合加工機（machining center）」是不可或缺的工具機。一般人也買得起的廉價綜合加工機的出現，也是 CNC 之所以會被選為 4 種神器之一的理由。再加上，我們認為 CNC 是泛用性最高的物品製造工具。雖切削加工技術基本上不適合用於大量生產，但在能使用的材料與能實現的精準度方面，人們已經建立了實體零件的製造方法。

實際上，比起 3D 列印機，我更加熟悉 CNC，若要老實說的話，與其用 3D 列印機來製作物品，我更喜歡使用 CNC 來進行切削加工。與 3D 列印機不同，透過旋轉工具（端銑刀）來切削材料，就能製作出各種造型。

另外，由於能夠對現有的物品進行後續加工，所以用途比 3D 列印機更加廣泛，不過可惜的是，一般人似乎都不太知道這些事。此外，「CNC 遠比 3D 列印機早推出低價機種，變得大眾化」這項事實也意外地不為人所知。

Roland DG「MODELA」帶來的衝擊

我記得時間是在 1997 年，當時 Roland DG 以 10 萬多日圓的價格開始販售「MODELA MDX-3」，震驚了業界。切削加工範圍為 152.4mm(X) ×101.6mm(Y)×40.65mm(Z)，能夠對模型蠟與人工木材（chemical wood）等材料進行切削加工。

到了 1998 年，軟體也推出了支援 MAC 的版本，在當時可說是劃時代的 CNC。當時我自己也買了這台機器，熱衷於製作鋼彈模型的自訂零件來玩。

後來，我突然想到了「在書桌上也能製作物品！桌上型建模機！」這樣的標語，並開始暗中策劃：「我當時在模具用 CAD/CAM 軟體公司任職，如果我將該公司所發行的『Cam-TOOL』這款高性能 CAM 軟體進行改造，並用來操縱這個 CNC 的話，會變得如何呢？」

我會這樣做是因為，由於當時的 MODELA 所附贈的 CAM 軟體就算是恭維話也稱不上高性能，所以我深信，只要透過經由模具用高精準度 CAM 軟體所計算出來的刀具路徑（工具路徑）來操縱，肯定就能製作出具備相應品質的模型。

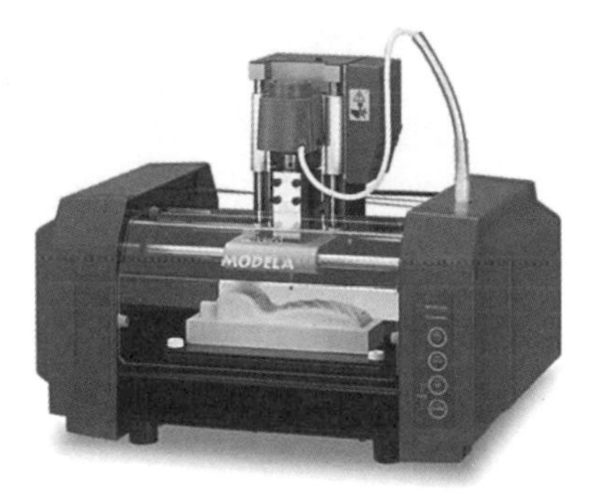

MODELA 系列。左邊為初代機種 MDX-3，右邊為後繼機種 MDX-15。

變得坐立不安的我，在 1998 年向公司提出這項企劃並獲得認可，隔年我很快地就以內部創業者的身分設立了「Real Factory」（現在已經和 C&G SYSTEMS 合併）這家公司。我在那裡研發出 MODELA 專用的高性能 3DCAM 軟體「CraftMILL」，並在市面上發售。

當時，我也想出了「切削 RP（Rapid Prototyping）」這個新創詞彙，和 Roland 公司一起推廣辦公室或個人規模的自造者運動。到了 2001 年，MDX-3 停止生產，其後繼機 MDX-15 雖然價格提昇到 29 萬 8000 日圓，不過此機種相當出色，居然還搭載了接觸式 3D 掃描器。

後來，我記得 MODELA 也推出了大型的專業級加工機，並被運用在當時剛開始發展的 ROBO-ONE（機器人格鬥競賽）等用途上，提升了使用者人數。當時的 MODELA 愛好者非常具有熱情，有的人會將轉軸馬達更換成高性能的零件，甚至還出現了能透過 MDX-15 來加工金屬的高手。

另外，隨著學校教育機構也引進 3DCAD，MODELA 也逐漸變得普及。我們應該將這種個人取向的自造者運動稱為「個人 CNC 熱潮」嗎？不管怎樣，我們認為 MODELA 所肩負的作用是極為重大的，如果可以的話，希望人們能夠重新評價以 MODELA 為首的個人 CNC。

10 幾年前的 3D 列印機熱潮

另一方面，我記得在 2000 年時曾出現過 3D 列印機熱潮。當時，大部分的 3D 列印機（或是積層製造設備）的售價都在 1 千萬～數千萬日圓以上，以個人的身分實在買不起。精準度也不怎麼高，在表面的最終修飾方面，需要下各種工夫。我回想起，就在此時，專家們想出了「透過 MODELA 來對使用當時的積層製造設備所製作出來的模型進行最後加工」這種組合技，將其運用於各種用途。

當時的積層製造設備所製造出來的物品精準度並不高，藉由使用這種組合技，就能簡單且漂亮地對物品進行加工。另外，由於這

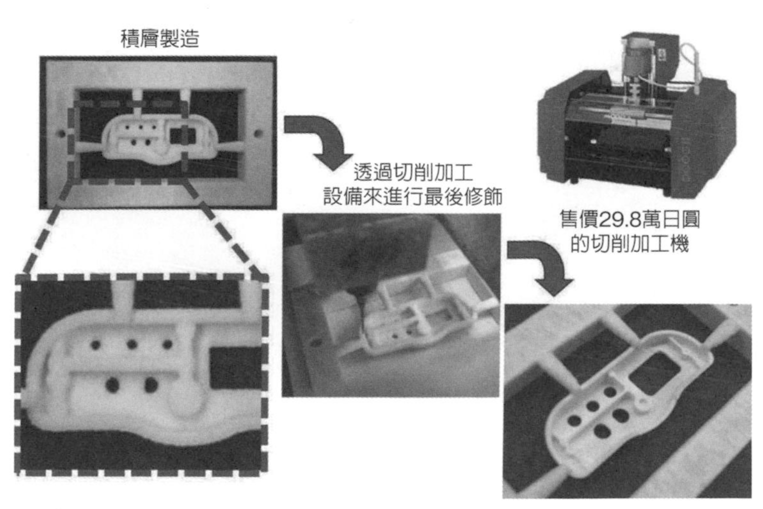

透過 MODELA 來對積層製造設備所製造出來的物品進行切削加工，進行細緻的最終修飾。

種方法也有助於減少「使用天然木材來進行粗略加工時所發出的噪音」，所以專家們也會將這種資訊廣泛地介紹給 MODELA 使用者。不過，我也回想起，由於當時積層製造設備的販售公司提出「似乎有人肆無忌憚地流傳『精準度很差』的評價，讓我們感到很困擾」這樣的抗議，所以專家們只能暗中地推廣。

雖然「個人 CNC 熱潮」呈現出發展蓬勃的狀態，但從「要使用刀具、噪音、施工粉塵」等觀點來看，還是會讓人覺得門檻很高。事實上，個人 CNC 還達不到「能在一般家庭內享受樂趣」的層次，除了一部分的重度使用者以外，很難留住一般使用者。即使透過單面加工，能夠輕易製作出葉子般的造型，但在必須進行雙面加工的一體成型加工中，施工順序等事項的難易度很高。這一點也許是專家們要面臨的課題。

另外，關於 MODELA，名為「iMODELA」的個人用小型新機種也登場了，而且似乎會持續進化。希望專家們不能只重視 3D 列印機，也要關注 CNC，讓這些設備能夠深入到對「自造者運動的潛力」有興趣的廣泛客層中。

Case4 醫療與運動

正確地重現人體的形狀

從「以形狀千差萬別的人體為對象」這一點來看，醫療領域是一個能讓 3D 掃描器和 3D 列印機有很大發揮空間的領域。這是因為，透過 3D 掃描器，能夠正確地重現人體等物的個別形狀，3D 列印機則適合用來製作「形狀各有差異或很複雜的模型」。

關於人體內部的部分，使用的不是一般的 3D 掃描器，而是 X 光電腦斷層掃描與 MRI 等診斷設備的資料。老實說，要將其當做「3D 列印機的輸入資料」並不簡單，但「這類以診斷為目的的資料已經存在」這一點也說明了，人們已開始將 3D 列印機運用在醫療領域上。

客製化的輕巧廉價產品

八十島 Proceed 公司從事高性能樹脂零件的加工．販售等。在該公司的 NextMED 研發室內，會透過最先進的 3D 技術，為醫療、建築等各領域提供服務。

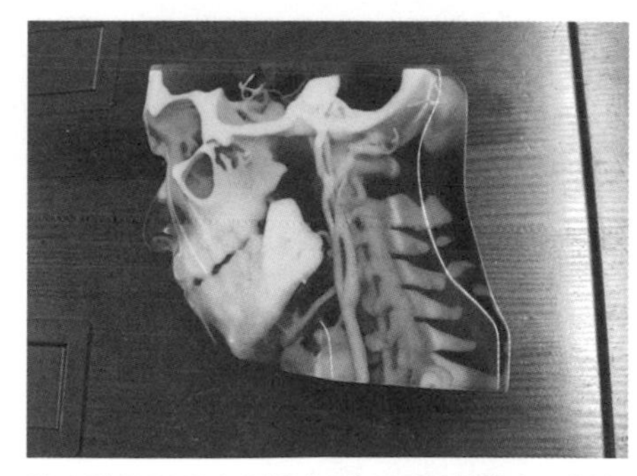

將人體的掃描資料輸入到 3D 列印機中，製作出骨骼模型。

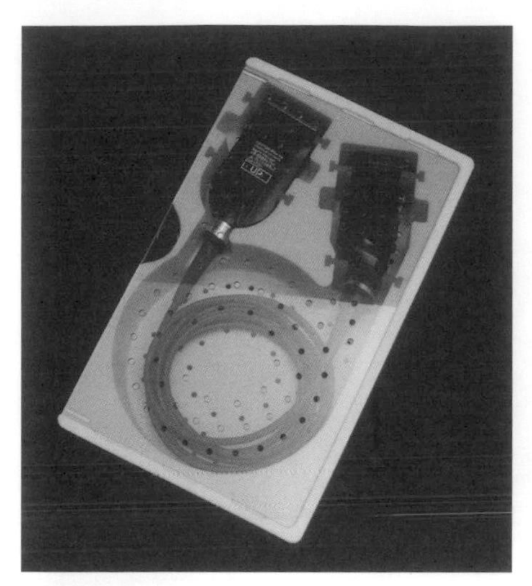
客製化的殺菌盒

舉例來說，他們會透過3D列印機製作「用來收納醫療器具的殺菌盒」，進行販售。雖然市面上也有販售這種盒子，不過為了收納各種器具，所以盒子又大又重，而且據說價格還相當貴。

殺菌盒使用樹脂粉末燒結型的3D列印機製作而成，表面採用氟鍍膜加工。據說該公司會先暫時借用內視鏡的鏡頭讓3D掃描器取得形狀資料，再以客製化的方式來製作。與過去的產品相比，不但能大幅降低價格，還能實現小型．輕量化。

根據數量，有時也會搭配使用切削加工等方法。當產品只有一種時，當然不用說，即使是突如其來的訂單，只要使用3D列印機的話，也能立刻應付。

除此之外，該公司也透過3D列印機來製作內視鏡訓練專用機器、腦外科的電鑽等產品。在過去，由於生產數量非常少，廠商只能選擇「做成功能符合最低需求的產品，以提升產量」或是「做成高價產品」。藉由3D列印機的運用，廠商變得能夠以最合適的形態與價格來提供產品。

透過 3D 列印機來製作牙科模型的原型

NISSIN 公司從事牙科教學用的牙齒模型的研發。為了製作牙齒模型，該公司採用了 3D 資料，並運用 3D 列印機來製造。在牙科大學等教育機構內，人們會將牙齒模型用在「治療的實技練習」等用途。

在製造牙齒模型時，必須做出「表層的琺瑯質、其內側的象牙質、位於中心的牙髓」這 3 層結構，並詳細地指定各部位的厚度。根據情況，也能重現蛀牙的位置與深度。顧客的需求差異很大，有的人希望能將牙齒模型做成左右對稱，有的人則希望能夠放大或縮小。

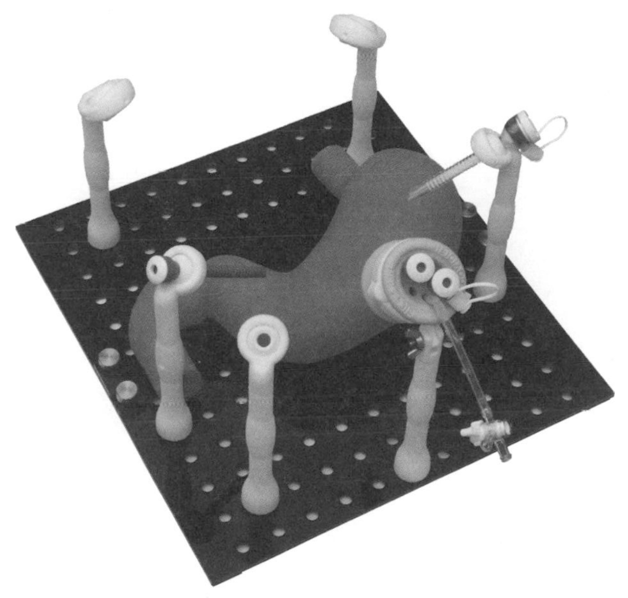

內視鏡訓練專用機器

以前，在製造這種牙齒模型時，首先要以手工的方式來製作用來當作原始造形的原型（與產品形狀相同的凸起模型）。然後複製該原型的形狀（將形狀轉印成凹陷模型），再用產品的材料來製作模型。我認為，雖然製作原型的「原型師」是技術熟練的工匠，但還是很難應付這類詳細的要求。

再加上，以手工方式來製作一樣產品時，如果削切過頭或是弄壞的話，修復工作會變得很辛苦。如果是小東西的話，也會有遺失的風險。「大多由一位技術熟練的專家負責，不易分工進行」這一點也是會遇到的課題。

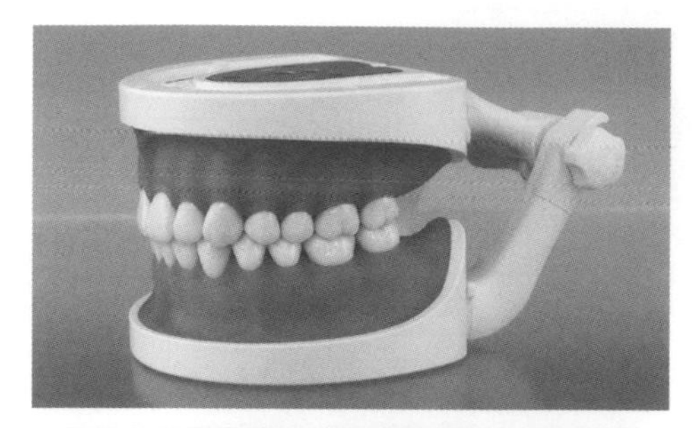

用於牙科治療的實技練習等用途的上下顎模型。牙齒模型採用每顆牙齒都能更換的構造。

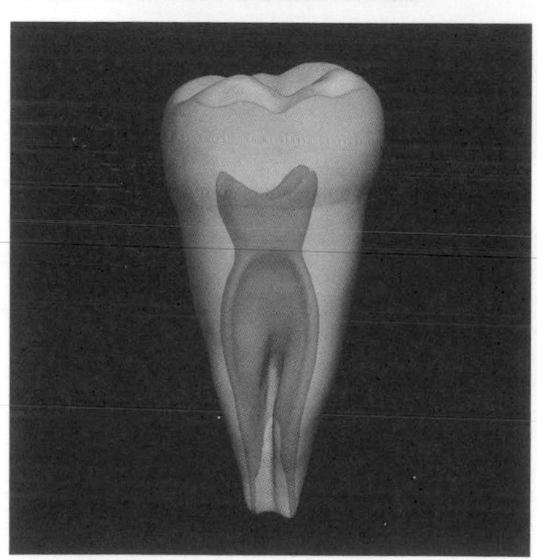

牙齒的內部結構是複雜的多層構造。

為了因應這類狀況而引進的設備就是 3D 列印機。只要事先準備好 3D 資料，就能立刻再次透過 3D 列印機來製作出形狀完全相同的物品。此外，由於許多人會看到螢幕上所呈現的 3D 資料，所以也有「能透過 DR（Design Review，設計審查）來進行檢查，以確認品質」的優點。

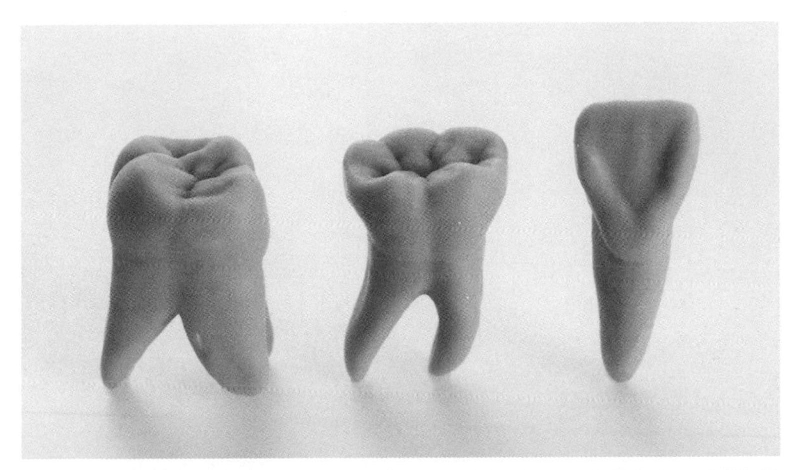

使用 3D 列印機製作而成的牙齒模型的原型。先將此原型轉印到模具上，再製作牙齒模型。

不死心地持續研發

據說，當初 NISSIN 公司在討論 3D 列印機的運用方式時，由於模型在尺寸精準度等方面上表現很差，所以曾處於「與其將這種模型當做原型，倒不如從頭做起」這種狀態。公司也曾面臨到「無法重現表面的起伏與神經的粗細」這類課題。

再加上，根據種類，透過 3D 列印機可以做出具備堪用水準的原型，但在製作時間方面，還是過去的手工製作方式比較省時。因此，情況持續處於「就算做了也沒有人會用」的狀態。不過，由於研發團隊了解到，透過以前的方法怎麼樣都沒辦法做出來的原型，只要運用 3D 列印機就做得出來，因此他們抱持著「今後技術應該會進步，只要能夠提昇技術，將技術運用自如，應該就能解決一連串的問題」這種想法，沒有放棄運用 3D 列印機來進行研究。

人們從約 2010 年開始透過 3D 列印機（光固化系統），將用 3D 資料設計而成的牙齒模型列印出來，並將其當成原型來運用。在某段時期，該團隊也嘗試運用 3D 資料來進行切削加工，不過由於他們遭遇到「操作切削加工機的人需要具備專業技能」、「無法對中空形狀的物體進行加工」等瓶頸，因此他們發現重點在於，要透過成型技術來彌補切削加工技術的缺點，發揮雙方的優點。

藉由將「用 3D 列印機製作出來的原型」的形狀轉印到模具上，就能做出產品的形狀。除了透過光固化技術來製作原型以外，也能透過粉末積層型的 3D 列印機來直接列印出模型，供應產品。

在重現實際的牙齒時，樹脂的材料特性很重要。舉例來說，由於琺瑯質、象牙質、神經部分都有各自的固有特性，所以要改變其硬度，讓表面的琺瑯質變硬，神經部分則需帶有黏性。只要能夠重現這些物質特性，也許就不必更換材料，能夠直接透過 3D 列印機來製作出牙齒模型。

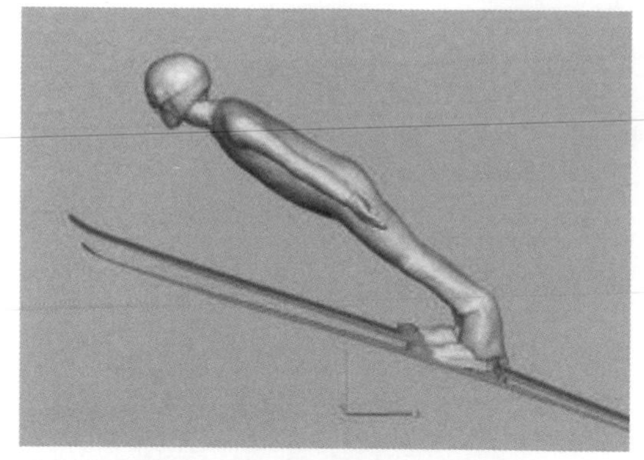

透過 3D 掃描器來取得「跳台滑雪」這項競技的飛行姿勢的資料

在運動科學領域也很活躍

另外，從「處理人體的資訊」這一點來看，在運動相關領域中，3D 掃描器和 3D 列印機也有發揮空間。這是因為，在需

運用全身的掃描資料來進行模擬

圖片提供：筑波大學淺井教授、Exa Japan 股份有限公司

使用器材的競技中，為了取得最佳成績，針對每位選手來進行最佳化的器材是必要的。

K's DESIGN LAB 也曾協助過「對跳台滑雪選手進行全身 3D 掃描」與「製作用於分析的 3D 資料」。

據說全身 3D 掃描需花費 6 秒鐘，雖然以同類的掃描器來說，取得資料的速度算是相當快，不過對於要一動也不動地保持這種跳躍的飛行姿勢來說，這時間還是很長。要在地面上靜止不動地重現「在空中取得平衡的姿勢」是相當辛苦的事。

如果人們能夠研發出「能夠瞬間掃描實際跳躍動作」的技術，也許就不用那麼辛苦了。

Case5 娛樂

藉由創意，能夠讓運用範圍無限擴大

在電影與電視等相關娛樂產業中，3D 列印機與 3D 掃描器的運用範圍也愈來愈廣。首先，來介紹電影中的實例吧！

將 3D 列印機運用在定格動畫上

2013 年 3 月底在日本上映的美國電影「派拉諾曼：靈動小子（ParaNorman）」是一部熱門的 3D 電影。另一方面，這部運用了 3D 列印機的電影在部分相關人士中也很受到矚目。這部電影被歸類為定格動畫電影。這種傳統公仔動畫的作法，是將要拍攝的公仔放在手工製作的布景中，一邊慢慢地逐漸移動公仔，一邊用相機拍攝每一格畫面，然後連續播放這些畫面，讓觀眾覺得公仔看起來在動。在這部電影中，3D 列印機主要用於製作公仔的臉部等模型。雖然 3D 列印機主要被當做製造業的器具，但近年來，人們也開始像這樣地將 3D 列印機用於影像製作。

請大家務必要到該電影的官方網站觀看片頭影片。大家應該會對「影像流暢得不像是定格動畫」這一點感到驚訝。我有個朋友看了該電影後，以為是「利用很厲害的技術所製作的全 CG 動畫」，故事當然不用說，角色的豐富表情與出色的光影呈現方式也讓他很感動。

雖然我原本就喜歡電影，但我會知道這部電影的契機，則是身為發行公司的東寶東和公司提出了委託，要我們幫忙宣傳電影。我們請身為該電影協力宣傳人員的藝人栗原類先生擔任模特兒，透過本公司所擁有的 3D 掃描器來進行全身掃描，製作 3D 資料。本公司根據這份全身 3D 資料，運用與該電影中所使用的同款彩色 3D 列印機，製作出酷似栗原類先生的公仔。

其實，一開始聽到這部電影的事情時，我以為此作品瞄準的是「使用 3D 列印機來製作」這種話題性，但事實根本不是那樣。為了讓角色擁有栩栩如生的表情，也就是說，在製作這部電影時，3D 列印機是必要的器具，所以製作團隊必須熟練地運用 3D 列印機，充分地發揮其作用。

將 3D 資料輸入到 3D 列印機中，製作出角色。這些模型在電影中非常活躍（©2012 LAIKA,Inc.All Rights Reserved.）。

在電影「派拉諾曼：靈動小子」的製作過程中，3D 列印機發揮了很大作用。製作團隊透過 3D 列印機製作了 8800 個主角的臉部模型。

負責製作這部電影的，是美國的萊卡動畫工作室。該工作室製作過許多熱門作品，上一部作品「十四道門（Coraline）」也曾獲得奧斯卡金像獎提名。

在「派拉諾曼：靈動小子」中，使用 3D 列印機製作而成的角色臉部模型數量達到 3 萬個以上。一開始，製作團隊會以手工雕刻的方式來製作基本模型，然後透過 3D 掃描器來製作 3D 資料。製作團隊透過彩色 3D 列印機，準備了很多「根據此 3D 資料列印出來的臉部模型」，成功地重現出豐富又細膩的臉部表情。在最後的修飾部分，還會透過手工方式來進行研磨、塗裝。

令人驚訝的是，為了呈現豐富的表情，光是主角諾曼的臉部模型，就製作了 8800 個。藉由將臉部分割成上下兩個部分，並使用

實際用於電影中的公仔實例（©2012 LAIKA,Inc.All Rights Reserved.）。

3D 列印機來製作模型，就能讓諾曼做出約 150 萬種表情。

只要說到非常賣座的定格動畫電影的話，就會提到 1993 年上映的「聖誕夜驚魂（The Nightmare Before Christmas）」。該電影的主角的表情約有 400 種。也就是說，如果進行單純計算的話，「派拉諾曼：靈動小子」的表情呈現能力約為「聖誕夜驚魂」的 3000 倍以上。我們的確可以說，這部電影在定格動畫電影中引發了革命。

藉由運用彩色 3D 列印機，對角色來說很重要的顏色設定也會變得很簡單。也就是說，從結果來看，製作團隊能夠很自然地將照片串連成影像。製作團隊巧妙地發揮了彩色 3D 列印機的特性，讓角色呈現豐富的表情，我們應該可以說，這是一項善用 3D 列印機的實例吧！

主角臉部下半部的模型實例。製作團隊做了 8800 個主角的臉部模型（©2012 LAIKA,Inc.All Rights Reserved.）。

更加令人感到有意思的是，除了電影中所使用的公仔以外，大部分的小道具都是工匠親手製作而成。也就是說，並非所有東西都是透過 3D 列印機製作而成，基於成本與呈現能力的考量，混入手工製作的道具應該是必然的吧！此作品確實融合了類比（手工製作）與數位（3D 列印機），並達到巧妙的平衡。

在電影官網中，製作團隊也提供了拍攝花絮。只要看了該影片，應該就能了解到，為了呈現電影角色們（雖然大多是殭屍）的生動畫面，製作團隊巧妙地運用了 3D 列印機這項工具。由於該作品的故事也很精采，所以請大家務必要趁著電視播出或 DVD 發售等機會，觀賞這部電影。

在各種宣傳活動中，運用範圍也很廣泛

這項例子只不過是其中一項新的 3D 商業活動。會這樣說是因

為，我認為在運用3D設備的商業活動中，可使用範圍是無限大的。在「派拉諾曼：靈動小子」這個實例中，基本上只有運用到3D列印機，3D掃描器並沒有登場。不過，除了電影本身以外，其實電影公司在另外舉辦的活動中有使用到3D掃描器。該活動的內容為，以抽獎方式從報名者中抽出得獎者，然後透過3D掃描器來掃描得獎者的臉部資料，並將其與電影中所出現的角色的資料結合，最後透過3D列印機來製作出公仔模型。

不僅是電影，最近在新產品的市場行銷、音樂錄影帶、電視節目等領域，有愈來愈多人會搭配使用3D列印機與3D掃描器。我參與過的實例，則是先將Perfume（註：日本流行女子電音組合）的成員掃描成3D資料，然後透過3D列印機來將該資料製作成等身大的公仔。該公仔的製作目的在於，將該公仔用在活動中的紋理映射（Texture Mapping）上，而且透過3D列印機製作出來的模型

SUBARU「WRX STI」（實車）

也會用在新歌的宣傳廣告上。在音樂相關領域方面，出現在柚子（註：日本知名男子雙人組合）的音樂錄影帶中的公仔模型，其實也是用 3D 列印機製作而成的。

最近，在 SUBARU 的新型車「WRX STI」的宣傳影片中所使用遙控車的車身是用 3D 列印機製作而成的。為了不讓人覺得那是遙控車，所以外觀需如同實車一般，再加上影片中會拍攝汽車行駛的鏡頭，而在強度方面也要經得起行駛時的碰撞。

在材料方面，為了讓車身能夠承受跳躍著地時的衝擊，並做出衝破磚牆的動作，所以基於強度上的考量而選擇尼龍樹脂。在尾翼與鏡子部分，採用能夠做出精巧造形的壓克力樹脂。在車輪部分，先將 WRX 的實際車輪掃描成 3D 列印專用的資料，再用 ABS 樹脂製作成模型。由於各個部位在強度與精巧度的平衡上所需具備的條

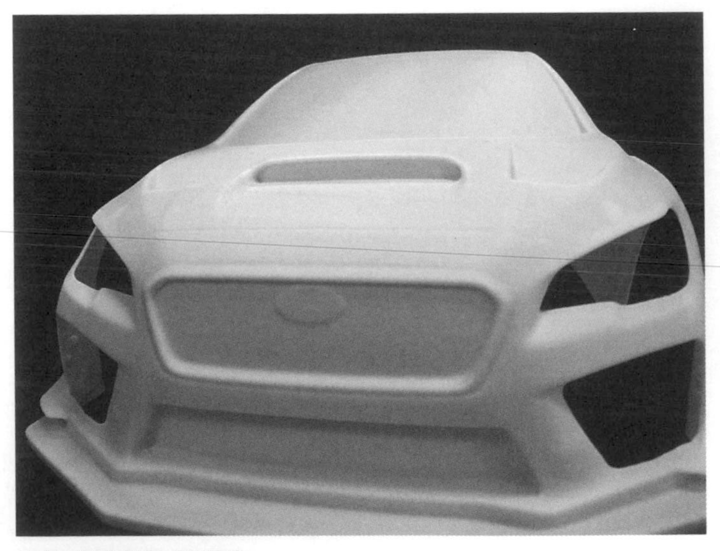

使用尼龍樹脂製成的車身

件都不同，所以要分別對各個部位採用最合適的材料，然後再組裝成遙控車。

另外，說到「就算能借到實車的資料，就能直接使用 3D 列印機製作出模型嗎？」，答案是否定的。由於實車用的資料是依照實際尺寸仔細製作而成的，所以為了讓資料變得能夠用於 3D 列印，必須將各部位的連接處簡化，並一邊調整重量與強度的平衡，一邊增加厚度。這些資料的調整是非常重要的工作。

而且，與內部構造同時用於宣傳影片的外觀視覺效果，也要追求媲美實車的品質。精巧的車身模型，由本公司的合作夥伴八十島 Proceed 公司負責，表面塗裝則委託給大成 monac 公司，藉由在 3D 列印材料上塗上與實車相同的塗料，就能完全地重現表面紋理。為了呈現出如同實車般的真實感，所以要印出並貼上與實車相同的貼紙，這部分的工作由東京 Lithmatic 公司負責。歸功於各公司在

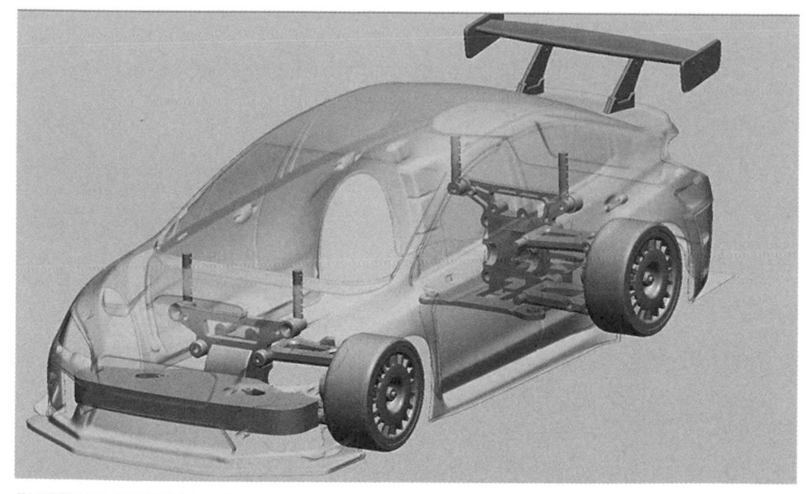

為了讓 3D 列印機能夠輸出模型，3D 資料經過了最佳化處理

花費 2 週製作完成的「WRX STI」遙控車。

各個部分發揮了高超技術，這輛高品質的遙控車完成了。

更加令人驚訝的是，從「委託製作」到「完成能夠暫時應付宣傳影片拍攝的模型」的過程只有兩個多星期。雖然在這種非常緊湊的行程中，製作豪華的全 3D 模型，而且車身的製作是從建模資料做起，真的是件很冒險的事，不過在「3D 專用資料的修正、材料的選擇、對合作夥伴提出的委託」等波折中，大家還是能夠發揮過去的經驗，提昇產品的完成度。因此，當宣傳影片完成時，大家都非常感動。這部宣傳影片已在 Youtube 上公開，請大家務必要瞧瞧看。

我認為在娛樂領域中，像這樣地將 3D 列印機與 3D 掃描器運用在宣傳上的例子，今後應該會更進一步地發展，並持續增加吧！

Case6 文物的保護與「可觸摸化」
在不讓物品產生負擔的情況下製作複製品

3D 掃描器和 3D 列印機也能用來保護文物。這項研究的內容為，透過 3D 掃描器將文物掃描成 3D 資料，再根據該資料，使用 3D 列印機來製作複製品。如果說所謂的「數位典藏」是將物品掃描成數位資料的話，從「將數位資料實體化」這一點來看，我們可說這是一項更進一步的研究。

K's DESIGN LAB 也曾協助過許多關於文物的工作。在與文物相關的運用方式方面，除了保護文物以外，還有其他的用途。那就是文物的可觸摸化。雖然這項研究會進而與保護文物產生關聯，但該研究不只是為了保護文物，而是為了達成更加重要的目的。因此，稍微試著將兩者分開來思考吧！

以數位資料的形式來保存

為了將貴重的文物留給後代，這種保護措施是不可或缺的。如果是在室內展示的話，人們認為，為了防止文物出現品質下降或損壞的情況，要將文物放在玻璃盒

在 K's DESIGN LAB 公司內，將實物進行 3D 掃描，接著將形狀復原後，再透過 3D 列印機製作出觀音像。

等物中展示。根據情況，應該也有許多文物是不公開的對吧！另外，如果是位於室外的文物的話，由於風吹雨打和日曬所導致的劣化情況是無法避免的，所以如果不持續進行適當修補的話，就無法將其原貌留給後世。

如果採用非接觸式的 3D 掃描器，就能以「不用接觸實物的方式」，也就是「不會讓文物產生負擔的方式」，來將其形狀掃描成 3D 資料。只要能夠以 3D 資料的形式來保存，就不用擔心會損壞或劣化。視情況，也能在資料中修復已經損壞・劣化的部分。

再加上，由於是數位資料，能夠輕易地轉移（傳送），所以能夠在想要的時間與地點觀看該文物。不光只是能在電腦螢幕上觀看，由於近年來 VR（虛擬實境）與 AR（擴增實境）這類技術有所進步，所以也能讓觀看者產生「類似觀看實物的感覺」。

只要使用這種 3D 資料，並運用 3D 列印機來製作模型，就能製作出文物的複製品（仿造品）。藉由製作文物的複製品，就能讓原本無法自由觸摸的文物變得能夠自由觸摸，使人產生親近感。

在和歌山工業高等學校內製作的防盜用面具
先透過 3D 掃描器取得實物的形狀，再透過 3D 列印機製作模型。

在工業高中的課程中加入文物複製品的製作

在這裡，讓我們介紹和歌

山工業高等學校的研究吧！除了文物的保護外，從「將 3D 掃描器與 3D 列印機運用在課堂上」來看，這個實例非常有意思。

「透過文物複製品的製作，也能提昇學生對於當地歷史的造詣。」該校的老師（和歌山工業高等學校工業設計科教師武本征士先生）這樣說。

和歌山工業高等學校工業設計科是七年前設立的新科系。在上 3 年級的「課題研究」這堂課時，教師會讓學生們組成「3D 建模研究小組」。據說，該研究小組會運用 3D 掃描器、3D 建模工具、3D 列印機來進行課題研究。

立體繪本（右）與著色前的複製品（左）
立體繪本內的面具也有凹凸起伏。

第一期生所挑戰的是，製作防盜用的面具。他們與警方合作，製作了「防盜面具」。採用「在面具表面塗上螢光塗料，並將 LED 燈泡鑲進眼睛部分」等方式來讓面具變得顯眼，似乎就能產生相應的防盜效果。不過，據說由於做出來的面具過於逼真，所以在晚上會嚇到路過的行人。

和歌山縣立博物館所展示的面具複製品
入館參觀者可以自由觸摸。

話雖如此，據說，由於學生們主動地參與公益活動，所以報紙與電視台等媒體報導了此事，並讓學生們獲得信心。另一方面，學生們也清楚地了解到「對整個立體形狀進行掃描的難易度、在編輯掃描完成的 3D 資料時需具備的訣竅」等課題。舉例來說，在處理沒有被轉換成資料的部分，像是深處的地方，必須一邊觀察實物，一邊持續透過 3D 工具來進行修補。此外，在這種情況下，基於 3D 列印考量而做的細微修正也是不可或缺的。

從第 2 期生之後，學生們開始一邊與和歌山縣立博物館及和歌山啓明學校等機構合作，一邊進行研究。這項研究的目的在於，藉由製作複製品，不僅能保護文物，還能實現「文物的可觸摸化」。過去，和歌山縣立博物館與和歌山啓明學校也專為視障者製作了有凹凸起伏的立體繪本「透過觸摸來閱讀的圖鑑」。不過，從「立體形狀的呈現能力」這一點來看，立體繪本的作用還是有限。如果有形狀與實物相同的複製品的話，視障人士就能藉由觸摸複製品來正確地了解實物的形狀。

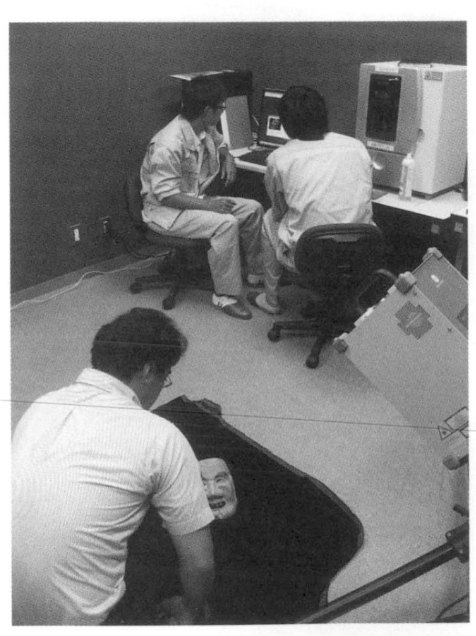

透過 3D 掃描器（右端的機器）進行測量時的情況

從各個方向照射雷射光，並測量距離，藉此將目標物轉換成 3D 資料。不過，要測量黑色或帶有光澤的表面是很困難的。

透過提昇技術來做出與實物幾乎相同的複製品

第 5 期生所研究的面具名稱為「賢德」，實物收藏在日本紀州東照宮（和歌山指定文物）。雖然原本是用於狂言 *1 的面具（狂言面具），不過在紀州東照宮的春季例大祭 *2「和歌祭」中，這種面具也是與神轎隊伍（衆人抬著神轎前進，象徵神明駕臨）一起前進的化妝遊行「帶面具」隊伍所使用的許多種面具之一。

這次所使用的 3D 列印機是，透過可動式噴頭來噴出熱塑性樹脂的機種。據說製作這種面具需花費 29 小時 45 分鐘。模型材料是丙烯腈・丁二烯・苯乙烯樹脂（ABS 樹脂），使用量為 153.90cm^3。此外，在製作立體模型的倒懸（overhang）部分等處時，需要消耗 96.53cm^3 的支撐材。若將這些材料換算成金額的話，就相當於 2 萬 415 日圓。

不過，由於模型是白色的，就算直接將形狀轉印上去，外表也會跟實物有很大差異。因此，博物館的負責人一邊觀察實物，一邊用丙烯顏料來著色，完成了複製品。連背面也被正確地重現，而且拿起來的觸感（重量）也跟實物大致相同。

用 3D 列印機製作而成的面具（左）與實物（右）

＊譯註 1：一種傳統戲劇形式
＊譯註 2：神社定期舉辦的祭祀活動

製作可觸摸的複製品，不僅對視障者很有幫助，也能很有效地讓健康者加深對文物的理解。該博物館不僅展示了面具的複製品，也製作並展示了佛像等各種展示品的複製品。「不僅是視覺資訊，我們想要藉由提供更多資訊，來推動任何人都能輕易使用，並能快樂學習的『展示品的通用設計化』。」該博物館研究員大河内智之先生，正致力於這項研究。

關於地方的寺廟等處所收藏的文物，人們也開始製作這些文物的複製品。這樣做的主要目的在於，防止文物破損與防盜。據說，實物會收藏在安全可靠的博物館等處，複製品則被安置在地方的寺院等處。據說，參與此計畫的學生們，透過「將製作好的複製品奉獻給寺院」這項活動，學習到如何與校外人士合作，能夠對地區產生貢獻，也讓學生們獲得了成就感，同時也達成了在校内無法實現的教育成效。

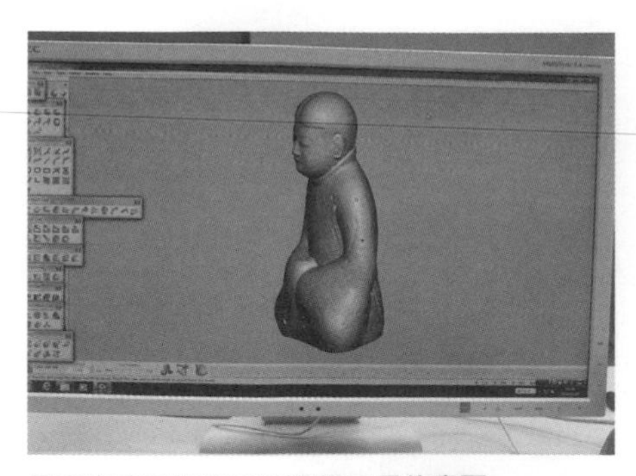

用來修改掃描資料的建模工具的畫面

光是引進設備是不行的

我認為這種「讓文物變得能夠觸摸」的工作真的很有意義。當然，以前的人也曾製作過文物的複製品，但價格大多高達數百萬日圓。另外，為了正確地轉印形狀，似乎大多必須觸摸實物。

只要使用 3D 掃描器，雖說操縱時必須非常細心，但基本上在測量時能夠不用接觸實物，所以實物受損的可能性會降低。另外，只要將物品轉換成 3D 資料，就能透過 3D 列印機，以較低的成本來製作複製品。再加上，也能輕易地透過網路，將資料傳送到遠處，在該處製作複製品。

我認為低價 3D 列印機的精準度也已經有所提昇，目前就算使用售價 10 萬多日圓的 3D 列印機，也能做出品質相當不錯的複製品。雖然之後會說明，但在近年的 3D 資料公開趨勢中，美國的史密森尼博物館已經開始計畫將所有館藏掃描成 3D 資料，並公開展示。有愈來愈多機構不僅會進行展示，還會使用 3D 列印機將部分展示品做成模型，進行販售。

我認為在教育上，這種嘗試也是非常棒的。最近，政府也開始提供補助，讓教育機構引進這類設備。不過，如果沒有明確目的就引進設備的話，設備就會在不知不覺中變得沒人使用。像和歌山工業高等學校那樣，懷著明確目的來進行研究，應該是最重要的吧！

令人遺憾的是，這種研究並不廣為人知。由於是好不容易才學到的技術，所以我希望該技術能在將來發揮作用。

用來讓人了解文物歷史的展示品

有愈來愈多企業想要招攬擁有關於「3D 掃描器、3D 建模、3D 列印機」等一連串工作經驗，且會使用「FreeForm」等軟體來進行 3D 建模的人才。

把古代鏡子的複製品磨亮，重現魔鏡（透光鏡）現象

到目前為止所介紹的實例，基本上都是使用 3D 列印機製作而成的樹脂模型。雖然也有能夠使用金屬來當做材料的機種，不過材料費很貴，而且製作時需具備更高的技術，所以運用難度比樹脂來得高。如果沒有相應的理由，這種設備大概會很難運用。

舉例來說，應該有很多人都對「有人在日本國立京都博物館重現魔鏡現象」這則報導有印象吧！魔鏡現象指的是，乍看之下鏡子很平坦，但只要朝著鏡子照射光線，使其反射，該處就會浮現影像。

不過，由於現有的魔鏡相當老舊，所以都生鏽了，無法讓光線反射。當然，也不可能試著去將實物磨亮。因此，3D 掃描器與 3D 列印機就派上用場了。正因為是複製品，所以才能實際磨亮。

內建 3D 列印機的「可觸摸式搜尋機器」

雖然不是文物，但有一項使用 3D 列印機的有趣研究實現了「可觸摸化」。那就是 Yahoo 從 2013 年開始推出的「可觸摸式搜尋機器」。此機器的研發目的在於，讓啓明學校的兒童們能夠感受到物體的實際形狀。目前該機器設置於筑波大學附設啓明學校。

「可觸摸式搜尋機器」的內部內建了 3D 列印機。該機器的運作原理為：只要透過聲音來輸入關鍵字，機器就會在網路上搜尋該關鍵字，並下載對應的 3D 資料，然後再透過 3D 列印機將該 3D 資料列印成實物模型。最初只採用贊成此研究的企業與個人所提供的 3D 資料，後來藉由存取公開的資料，能夠搜尋到的關鍵字便大幅地增加。

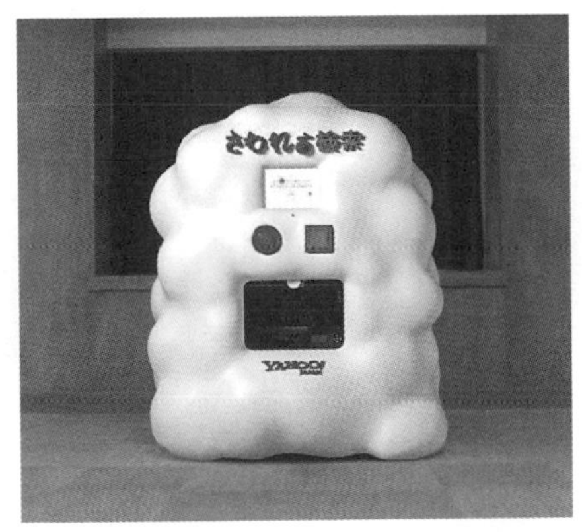

只要使用「可觸摸式搜尋機器」，就能透過 3D 列印機將用聲音搜尋到的關鍵字製作成模型。

Case7 在網路上公開資料
增加可列印的 3D 資料的數量

為了推廣 3D 列印機的運用，3D 資料的存在是不可或缺的。若想要取得 3D 資料，除了自己從頭製作以外，也能透過網路來下載別人做好的資料。想要透過實物來取得 3D 資料時，3D 掃描器也是一種非常有用的工具，不過在大部分的情況下，都需要進行許多建模工作。

想要自己製作 3D 資料的話，3D-CAD 之類的建模工具是必要的。尤其是為了讓 3D 數位創作普及，廠商必須提供一般人也能輕易製作 3D 資料，而且又便宜的工具。最近，「只要在網路上依照指示操作，就能製作 3D 資料」的應用軟體也增加了。

另一方面，能透過網路來下載 3D 資料的條件，也逐漸完備了。在「Shapeways」與「Thingiverse」這類資料共享網站（有些網站也同時是電子交易市集）上，使用者所上傳的資料能夠讓其他使用者下載。使用者下載了目標資料後，若想要取得實物的話，可以透過自己所擁有的 3D 列印機製作模型，或是向 3D 列印服務業者提出委託。

在日本，資料共享網站也接二連三地出現。再加上，有愈來愈多的博物館、汽車公司和演藝相關公司等組織，願意免費公開 3D 資料。

「Thingiverse」的資料共享頁面

將所有收藏品的 3D 資料公開

在 Case6 中也有稍微介紹過，我們認為「透過 3D 掃描器將文物等掃描成資料，並使用 3D 列印機製作模型」是一件非常有意義的事情。美國史密森尼博物館的研究，就是這種研究的延續，值得關注。

該博物館在 2013 年 11 月設立了一個名為「Smithsonian X 3D」的網站。現在，該博物館正在嘗試將 1 億 3700 萬件收藏品掃描成 3D 資料，並將這些資料公開。當館方透過 3D 掃描器將實物

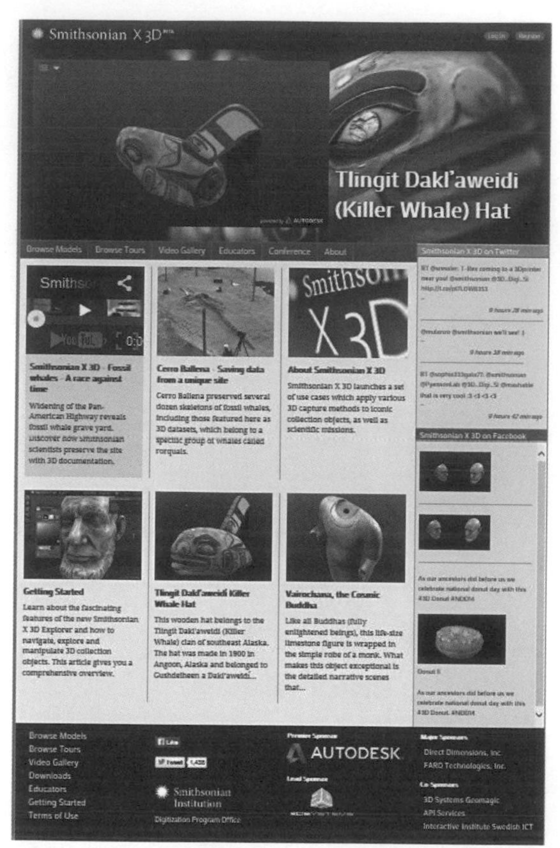

史密森尼博物館所經營的網站「Smithsonian X 3D」

掃描成資料並公開後，使用者只要登入網站，就能在網路上瀏覽、下載資料，並透過 3D 列印機製作複製品。

這項研究的背景與「博物館內所展示的收藏品僅占所有收藏品的 1%」這個事實有關。藉由將收藏品轉換為數位資料，自然就能讓人們經常看到更多的收藏品。

當然，「在網路上公開照片或影片等，並運用能夠顯示 3D 資料的檢視軟體」等事項是想像得到的，不過館方還更進一步地透過 3D 列印機來製作模型，這一點讓我覺得很厲害。當然，模型應該很難取代親眼看到真品時所感受到的震撼，不過就算去了美國的史密森尼博物館，也無法觸摸實物。只要透過 3D 列印機來製作模型，就能用自己的手來確實感受物體的形狀。我希望日本也務必要發展這類研究。

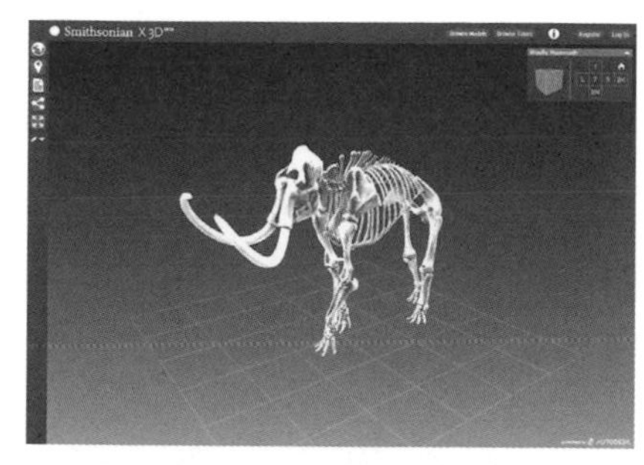

史密森尼博物館所公開的猛瑪象骨骼 3D 資料
透過網路瀏覽器，也能讓 3D 資料轉動角度。

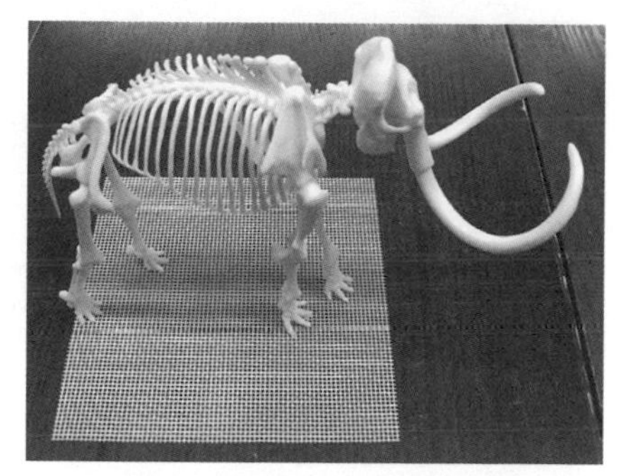

下載史密森尼博物館所公開的資料，透過 3D 列印機來製作立體模型（八十島 Proceed 公司提供）

將概念車的資料公開

HONDA 公司在 2014 年 1 月 28 日將歷代概念車的 3D 資料公開，這些資料能用於家用 3D 列印機。HONDA 公司設立了名為「HONDA 3D Design Archives」（http://www.honda-3d.com）的網站，並在網站上公開「NSX Concept」等車款的外觀設計 3D 資料。根據「創用 CC（Creative Commons）4.0」（後述）這項著作權授權方式，該資料能夠在授權條款的範圍內重複散布，或是重新與其他資料混合。

本公司也稍微協助了這項工作，不過在製作資料時，吃了各種苦頭。雖說是汽車公司，但未必會有古早的概念車 3D 資料。視情況，必須一邊觀察照片，一邊重新建模。即使公司有保留外觀的 3D 資料，車身細節的資料也大多不足。

另外，網站內準備了 2 種大小不同的檔案。雖然透過 3D 列印機製作模型時，能夠變更比例尺，但如果要製作出某種大小的模型的話，連細部的資料也必須仔細製作。不過，如此一來，檔案大

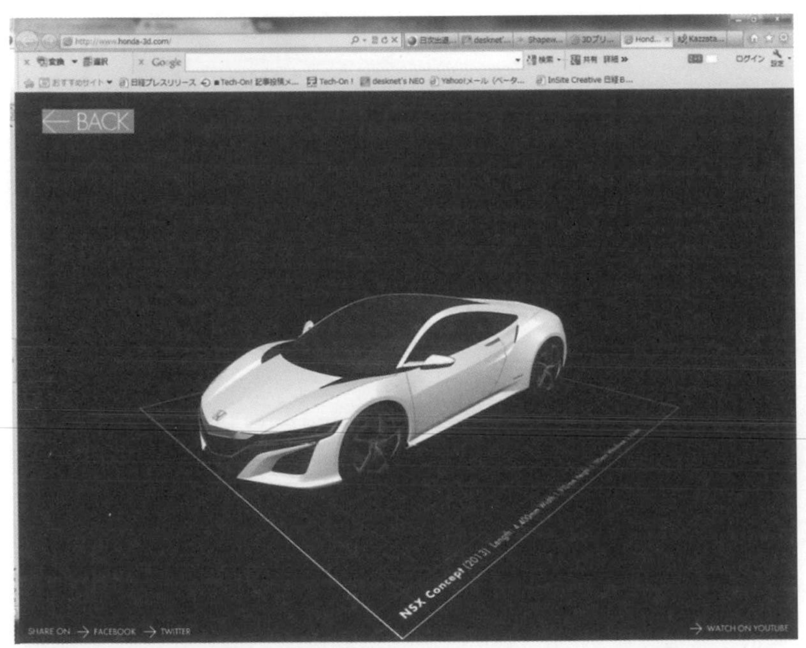

HONDA 公司在「HONDA 3D Design Archives」（http://www.honda-3d.com）這個網站上公開了歷代的概念車的 3D 資料。

下載好的 NSX Concept 的 3D 資料

小就會變得太大，導致下載與資料處理等操作變得不順暢。因此，為了讓操作變得順暢，要一邊降低檔案容量，一邊將形狀簡化，讓使用者在列印模型時，不會感到不協調。

在 HONDA 的活動網站中，可以在影片中看到使用 3D 列印機製作模型的情況。

在汽車相關產業中，我認為業者將來肯定會將實車所配備的零件資料公開。暫且不談是否適合一般消費者，將來「把資料公開給客製化廠商等業者，讓他們透過 3D 列印機，將該資料製作成模型」這種運用方式應該會增加吧！

資料的保護與管制是今後的課題

在網路上公開 3D 資料時，必須要對該資料的使用方式進行某

在 HONDA 網站上公開的影片
可以看到使用 3D 列印機製作模型的情況。

種限制。現在，許多資料共享網站所運用的是「創用 CC（Creative Commons）」（http://creativecommons.jp/licenses）。

創用 CC 指的是，提供「創用 CC 授權」的國際性非營利組織與其計畫的總稱。無論是先前所介紹的史密森尼博物館，還是 HONDA 的概念車，都是依照此 CC 授權來公開資料。

CC 授權這項工具的用途在於，讓著作權持有者或企業主動表示「只要遵守條件，就能自由使用我的作品」這項意見。在能夠輕易地透過網路來傳播資料的現代，這可以說是一項適合現代的著作權規範。作者只要運用 CC 授權，就能一邊保有著作權，一邊讓作品自由地傳播，在授權條款的範圍內，被授權者能夠再次散布或與重新與其他資料混合。具體來說，構成 CC 授權條款的條件有 4 種，也就是「姓名標示表示」、「非商業性表示」、「禁止改作表示」、「相同方式分享表示」。藉由將這些條件組合起來，自然就能定義出符合目的的 CC 授權條款。

先前所介紹的史密森尼博物館，以及將概念車資料公開的 HONDA 公司，都運用了此 CC 授權條款。在史密森尼博物館的實例中，資料的運用只限於非營利目的。也就是說，使用者當然不能透過 3D 列印機，將下載好的資料製作成鑰匙圈等物，並進行銷售行為。

不過，就算作者在公開資料時有明確標示 CC 授權條款，也無法產生物理強制力。因此，作者必須對要傳播的 3D 資料採用保密措施。這種方法指的是，讓資料變成要輸入指定的密碼後，才能使用，或是只能透過特定的 3D 列印機列印，而且列印次數有限。由於人們已經建立了一套能夠對應影像資料與歌曲資料等的機制，所以我們也許可以說，在技術上已經能夠付諸實用了。不過，由於這類方法有可能會阻礙資料傳播的自由度，所以必須特別留意。

Case8 掃描自己的身體，並列印出來
將臉或身體的形狀與某種東西調換

我認為運用 3D 技術的商業活動具有無限的可能性。會這樣想，是因為我設立了一個能夠讓人輕鬆參觀 3D 掃描器以及 3D 列印機等數位工具的展示廳，並在這個地方與各行各業的人交談。本公司的辦公室位於東京澀谷，我們設立了一個企業取向的展示廳，名叫「3DDS CUBE」，這個空間同時也能夠讓個人體驗 3D 技術。該處備有 3D 列印機、3D 軟體、能夠掃描全身的 3D 掃描器等各種工具。

個人公仔的製作服務「3D Snap&Touch」

K's DESIGN LAB 和店址位於澀谷．道玄坂的數位創作咖啡館「FabCafe」合作推出的個人公仔（外形很像自己的公仔）製作服務就是「3D Snap&Touch」。在 3D Snap&Touch 這項服務中，首先會使用設置在 3D 工作室 CUBE 內，且能在 6 秒內掃描全身的 3D 列印機「bodySCAN3D」將客戶全身掃描成資料。將該掃描資料修改成能夠進行 3D 列印後，再使用位於 FabCafe 的低價 3D 列印機「Cube」列印出公仔，讓客戶將個人公仔帶回家。價格為 9800 日圓。

另外，如果客戶不想透過 3D 列印機，將掃描好的資料製作成

公仔，只想透過 K's DESIGN LAB 所研發的智慧機手機、平板專用免費 3D 檢視軟體「Ks3D Viewer」（iOS 版、Android 版）觀看 3D 模型的話，價格則為掃描 1 次 3000 日圓。如果為了商業用途而想將資料帶走的話，則需支付 2 萬 5000 日圓。

那麼，是什麼樣的客人會上門呢？根據觀察，想要進行 3D 掃描的客人大多為 2 ～ 3 人的組合或團體，且多半是情侶或一家人。

總之，「當天或過幾天就能拿到公仔」這一點，以及「能夠體驗、參觀從 3D 掃描到 3D 建模、3D 列印成型的過程」這一點似乎很受歡迎。由於能夠參觀 3D 數位工具的一連串使用流程，所以我覺得這對於 3D 列印機有興趣的人來說，應該會是一個很棒的體驗場所吧！

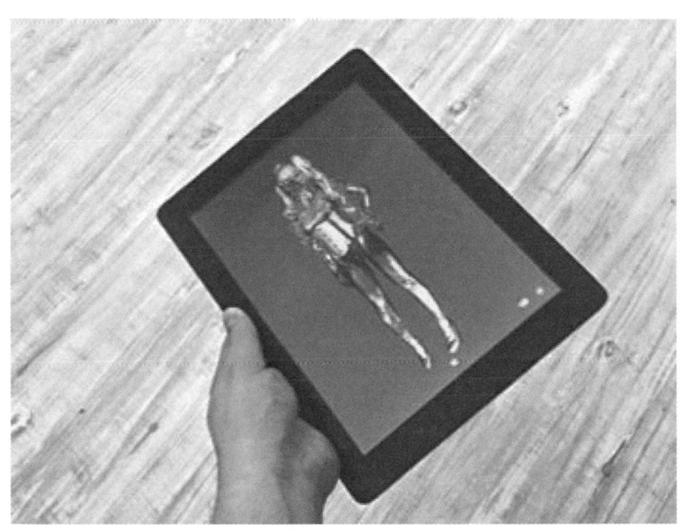

使用專用檢視軟體「Ks3D Viewer」來觀看模型。

攜家帶眷的客人前來製作公仔，以當作紀念

而且，在 1 樓的 FabCafe，還能一邊喝咖啡，一邊慢慢地觀看 3D 列印過程。看到 3D 列印機一點一點地逐漸列印出很像自己的模型時，應該會產生一種難以言喻的心情吧！從掃描到製作 3D 資料（由本公司的職員製作）、透過 3D 列印機製作出模型為止，平均約需花費 2 個多小時。

我認為有的人會覺得挺花時間的，即使如此，由於市面上大多數的個人公仔製作服務都需要 1 ～ 2 個月才能交貨，所以在業界內，我認為本公司的服務是相當快的，並感到很自豪。而且，我認為，重點不僅是「個人公仔製作服務」，提供「能讓客人享受整個過程」的體驗型服務，也是受歡迎的重要原因。

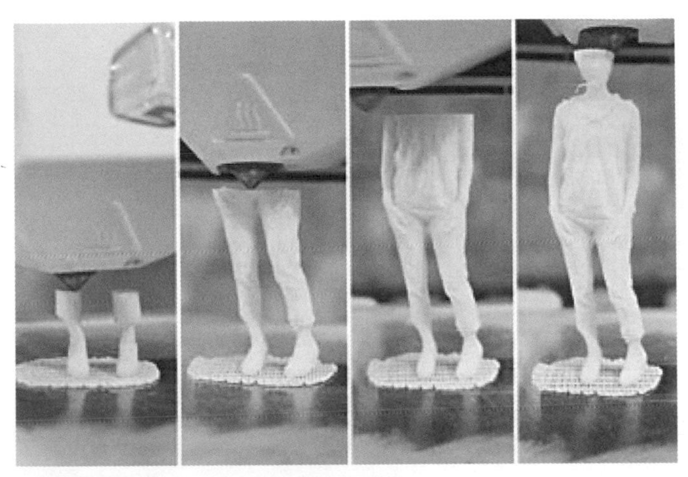

使用 3D 列印機「Cube」製作模型的過程
材料是 PLA（聚乳酸）樹脂。尺寸約 8cm，製作時間約 1 小時。

不精巧反而受歡迎

另外還有一個受歡迎的理由。與立體照片般的彩色精巧 3D 模型不同，公仔的精準度不算高，有些模糊，大概是「總覺得這應該是自己吧！」的這種程度，這一點似乎也是受到歡迎的重要因素。

實際上，許多客人都說「不想要過於逼真的個人公仔」，我們也常聽到「如果是用 Cube 製作出來的那種風格有點柔和的公仔，就會想要」這類的感想。雖然有點令人感到意外，不過我曾聽說，以前廠商推出大頭貼時，也不是高解析度的數位照片，而是有點模糊的照片，所以才會受使用者歡迎。這也許跟大頭貼的例子有點類似呢！

另外，最近也有孕婦為了留作紀念而前來使用這項服務。有許

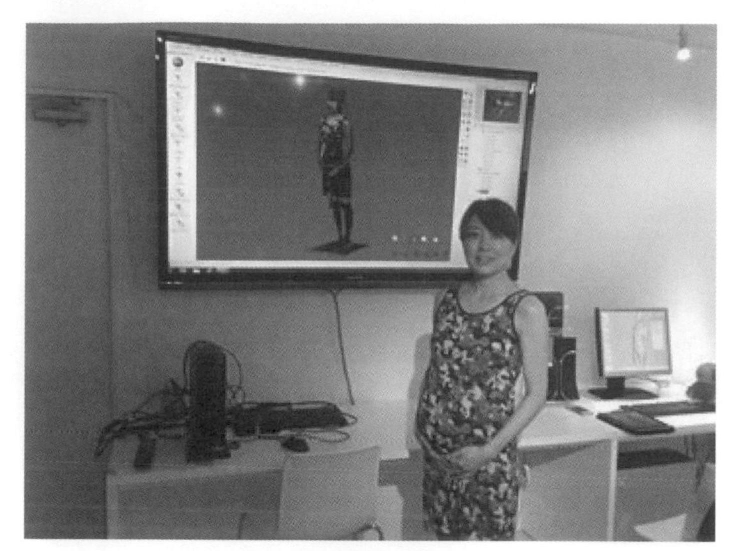
前來使用「3D Snap&Touch」服務的孕婦客人

多人都說「這輩子應該不會拍好幾次，所以比起照片，我比較想要透過 3D 掃描來留下記錄」、「如果是這個的話，我會想要定期來拍」。也有許多客人說，把孩子生下來後，還想要再來拍一次。

「3D Snap&Touch」這項實驗性的嘗試只舉辦到 2014 年 6 月，從 7 月開始暫時停止服務。本公司今後也預訂會舉辦運用了 BodyScan 技術的活動或研討會，所以有興趣的人請上 K's DESIGN LAB 的官網瀏覽資訊。

直到數年前為止，「個人公仔製作」的難度很高

在技術上，「透過 3D 掃描器掃描人體，然後使用 3D 列印機製作模型」的過程並沒有那麼新奇。本公司從創立時（2006 年）

就一直反覆在進行這種實驗。不過，在當時，3D 掃描器的測量速度很慢，設備很貴，彩色 3D 列印機的解析度也很低，做出來的成品有些不夠理想。由於 3D 掃描器在進行測量時很花時間，所以在進行全身掃描時，模特兒需在約 30 分鐘內一直維持相同姿勢，這對模特兒來說，是非常辛苦的一件事。宛如像是日本幕末時代的照相機似的。

因此，當時如果業者接到全身公仔的製作訂單的話，就得進行各種準備。舉例來說，當客戶為了將公仔用於活動中而提出「希望能使用 3D 掃描器來掃描模特兒，並製作公仔」這種委託時，業者會採取各種妥協方案，像是盡量只掃描模特兒本人的「臉」，身體部分則挪用其他人的 3D 掃描資料，然後再進行修改，或是購買現

2007 年時，業者接下參展企業的委託，製作出女僕公仔。

有的公仔，將公仔掃描成 3D 資料，接著再進行修改。下面會介紹當時的實例。

上一頁的照片是，2007 年時開始流行的女僕咖啡廳，業者接下參展企業的委託，對模特兒進行 3D 掃描後所製作出來的仿真女僕公仔。在進行 3D 掃描時，臉部是模特兒的，身體則採用買來的女僕公仔，之後再將這些資料結合，做出公仔。這是因為，如果要讓模特兒穿著女僕服飾接受 3D 掃描的話，為了不讓皺褶產生變化，就必須讓模特兒在 30 分鐘內維持不動。所以業者不得不採用這種方法。

而且，最麻煩的是，用 3D 掃描器取得人體的 3D 資料後，還要修正與去除雜訊。雖說是修正，但並不是要變更形狀，而是要使用專用 3D 軟體，以人工的方式來去除掃描時產生的雜訊，將沒有掃描到的部分填補起來，這部分的工作相當耗時耗力。

再加上，3D 掃描資料的容量相當大，少則幾 10MB，有時也會多達好幾 GB。如此一來，就會超過當時的 PC 的運算能力上限與 Windows 作業系統所能處理的容量上限（以當時的 32 位元 OS 的檔案系統來說，一個檔案的容量上限約為 700MB），必須以人工的方式進行「先將檔案分割再進行處理」等令人頭暈的操作。不過，若是現在的話，3D 掃描器的精準度已經有所提昇，由於 3D 軟體的進步與 PC 運算能力的提昇，修正工作也變得，能夠更有效率地進行。

而且，根據過去的辛勞與經驗，我委託了產品由本公司負責進口販售的德國 3D 掃描器公司「breuckmann」製造了一台能夠進行全身 3D 掃描的設備「bodySCAN3D」。

這就是 3D 工作室 CUBE 引進該掃描器的經過。不過，由於研發與製造需花費數千萬日圓，再加上該掃描器不是大量生產機而是試作機，所以現在世界上也只有一台。我們正在將「研發與販售能夠普及的機種」視為今後的研究課題。

這台 bodySCAN3D 的構造為，在四根柱子上裝設高精準度的 3D 掃描器。讓要掃描的對象站在柱子正中央，只要花 6 秒鐘就能完成一次掃描，精準度達到 ±150 微米（μm）。順便提一下，這種彩色 3D 列印機製作出來的個人公仔，放入專用的盒子或裝飾框業等用途，所以採用了稍微高一些的規格。

6 秒鐘內就能掃描全身的 bodySCAN3D

順便一提，照片中的人是，因打造日本知名女子電音組合 Perfume 演唱會舞台特效等而聞名的 Rhizomatiks 公司的職員。

透過 3D 列印機製作的個人公仔需求量很高

3D 掃描器與 3D 列印機變得便宜，而且在性能有所提昇後，現在透過 3D 列印機製作個人公仔的服務，正在增加中。據我所知，以東京、大阪、名古屋、福岡等主要都市為中心，現階段似乎已有 10 家（店）以上。

這種個人公仔製作服務會驟增的契機，影響來自 2012 年 11 月到 2013 年 1 月限期營業的「OMOTE 3D SHASHIN KAN」吧！該店不僅提供了採用先進技術的極客（geek）服務，透過「3D 照相館」這種形式來呈現表演與獨特的世界觀，也非常令人印象深刻。負責這項企劃的是，PARTY Creative Lab 這家公司。當初開幕時，本公司也曾前往考察過許多次，並交流了關於 3D 技術的資訊。

用於製作個人公仔的彩色 3D 列印機，大部分都是「Projet x60」系列（美國 3D Systems 公司製造）。這種 3D 列印機製作模型時，會使用名為「binder」的接著劑來固定石膏粉，並同時噴上彩色墨水。因此，製作出來的模型很脆弱，表面粗糙，如果沒有進行特殊硬化處理的話，只要一倒下就會立刻損壞。另外，在顏色表現方面，由於採用的是噴塗在石膏上的彩色墨水，所以效果遠遠不及市售公仔。

不過，OMOTE 3D SHASHIN KAN 在呈現作品時，會將透過這種彩色 3D 列印機製作出來的個人公仔，放入專用的盒子或裝飾框內，我覺得這是很棒的想法與創意。

這種公仔被定位為，能夠當做「自己或家人、朋友的紀念品」來觀賞的裝飾品。我認為這一點能夠彌補「彩色 3D 列印機在材料與呈現效果上的缺點」，也是最棒的呈現方式。業者對於這種公仔的認知並不是「市售可動公仔的個人版」，而是將其視為「可觸摸的 3D 照片」，展現了一項紀念性商品的好例子。就我個人隨意的評價來說，我認為由於他們不是精通 3D 列印機的製造業者，而是從其他領域進入這個市場的，所以能讓服務的整體設計充滿了嶄新的想法與創意，並獲得成果。

在設備引進以及成本等課題方面，由於他們沒有採用 bodySCAN3D 之類的高性能機種，而是採用市面上比較便宜的手持式 3D 掃描器，所以據說在掃描過程中，對象必須在 10 ～ 15 分鐘內保持靜止不動。另外，根據當時在交換情報時，從經營團隊口中聽到的詳情，由於 3D 資料的修改工作採用人工處理方式，所以相當辛苦。我記得個人公仔的售價位於 3 萬多～ 8 萬多日圓，但我沒有聽到對方說實際上是否有賺錢。不過，這項企劃總之很受歡迎，引發了很大的話題。

雖然 OMOTE 3D SHASHIN KAN 似乎是個為期 1 個半月的短期嘗試，但不僅日本國內，連在國外也引發了很大的迴響，國內外的許多媒體似乎都有報導這項活動。在這層意義上，我認為這項服務最大的功績在於，讓全世界的人認識了「透過 3D 列印機製作個人公仔」這門生意。

即使數位化技術有所進步，原型師仍是必要的

由於 3D 掃描器與 3D 列印機的進步與普及，所以也有人擔心採用手工製作的原型師會丟了工作。不過，我覺得幾乎不用擔心。娛樂性的公仔非常精巧，所謂的「依照平面的繪畫或插畫來製作模型的技術」，的確要講求美感與技術。

本公司也接過動畫與漫畫等角色的 3D 建模工作，這種工作的難度非常高。觀看平面的插畫等來製作角色或人體的 3D 模型的技術，比「學習 3D 工具」這項課題更講求操作者的資質，個人差異也相當大。想要透過平面圖片等少量資訊來讓 3D 模型呈現出「角色特徵」這種曖昧的細微差異時，製作者必須具備相應的美感與技術。我認為這種人確實可以稱作職人。

就算使用 3D 掃描器，我還是能夠說出相同的話。舉例來說，對某位模特兒進行 3D 掃描後，由於得到的 3D 資料只是形狀的資訊，所以模型會變得像是沒有上妝的臉一樣。透過彩色 3D 列印機製作模型時，也許能夠矇混過去，但是使用單色列印時，就行不通了。在那種情況下，為了讓模型看起來像本人，所以要稍微進行修改。不過，操作者當然必須具備「讓人看不出模特兒的模型有被修改過」與「不會改到變得不自然」的技術。

以本公司的情況來說，有許多畢業於工學、設計、美術類學校的員工。公仔之類的人體建模工作，主要會交給學過美術造型的員工來負責。只要讓「透過雕刻等學習人體結構，並有實際進行過雕

刻、雕塑等的員工」來進行 3D 建模，做出來的成品就會和「在工學類科系中主要學習 3D-CAD 的員工」有相當大的差異。尤其是，本公司所使用的是，能夠進行數位雕刻的「FreeForm」（使用能夠獲得觸感的輸入裝置來進行 3D 建模的軟體），只要使用這類 3D 軟體，兩者就會呈現明顯差距。

3D-CAD 這項工具在發展時，原本就是以「輸入尺寸」為基本工作，無論由誰來操作都能盡量讓設計品質符合標準。不過，FreeForm 等軟體則採用筆型的觸感裝置，使用者在建模時，會覺得像是直接在觸摸畫面中的 3D 模型。這項工具的設計目的在於，讓使用者在非常接近傳統手工製作的狀態下進行數位雕刻，所以會毫不留情地呈現出操作者的技術差異。我們也可以說，能夠實際用手雕刻的人，會比較容易掌握這種數位工具。換句話說，具備手工技術的原型師，也許能夠比較流暢地熟練使用這種數位工具。

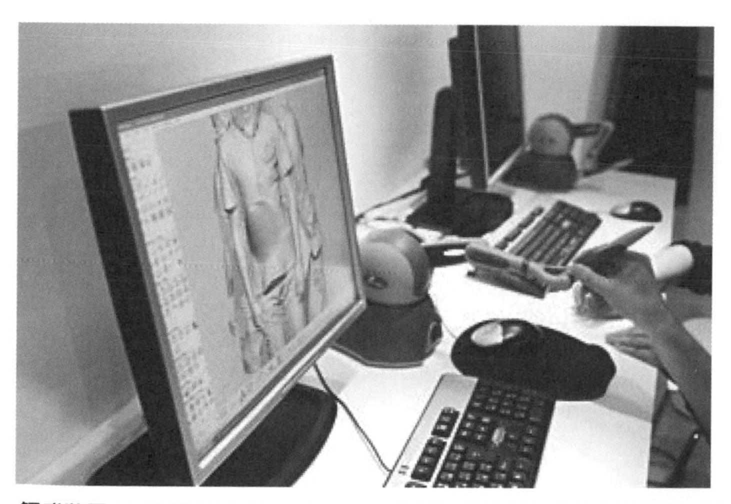

觸感裝置 3D 建模工具「FreeForm」。使用筆型的輸入裝置來建模時，感覺確實像是在雕刻。

實際上，在採用本公司服務的用戶中，許多企業的原型師都會直接使用 FreeForm。玩具廠商、鬼瓦等傳統工藝，還有造幣局的原型師，也都使用了這套系統。透過數位化，使用者變得能夠自由地放大、縮小畫面中的模型，所以能彌補已衰退的視力，也能讓擁有技術的原型師延續職業生涯。再加上，透過 3D 列印機列印出來之後的手工加工步驟，果然還是要仰賴原型師的拿手本領，所以只要冷靜地思考，應該就不會認為原型師會丟掉工作。

我們經常聽到有人說，只要一提到數位技術的進步，就有人會否定以前的工法，認為職人的工作會減少，但絕對沒有那回事。我總是希望能讓許多人了解到，他們還是能夠運用其技術，並巧妙地運用數位工具。

而且，根據我的預測，在公仔製作之外的領域，應該有愈來愈多地方會想要招攬，年齡不拘，既具備手工製作的美感，又能熟練使用 FreeForm 這類數位工具的「原型師」。順便一提，在本公司內，我們不會將能夠熟練使用 FreeForm 的員工稱為操作員，而是稱作「digital sculptor（數位雕刻師）」。

為了不讓這類服務因「跟風的業者」而退化，要提出能拓展市場的嶄新創意

先前所介紹的「個人公仔製作服務」持續不斷地出現。其實，我原本以為大部分的店家都是 OMOTE 3D SHASHIN KAN 的分店。不過，感覺上並非如此，而是跟風的業者增加了。

「手持式 3D 掃描器＋ CG 軟體＋彩色 3D 列印機」這種製作方式當然不用說，由於販售價格也被公開了，所以應該許多業者覺得有賺頭，便立刻展開行動了吧！

不過，有一點令人稍微感到擔憂。就我個人的感想來說，跟風業者所製作的公仔，往往品質參差不齊，也不太能感受到如同 OMOTE 3D SHASHIN KAN 那般的高品質獨特世界觀。許多業者要花費將近兩個月才能交貨，包含這點問題在內，我擔心消費者不久之後，就會膩了。

當那家黑貓大和運輸推出能夠到府進行 3D 掃描，然後使用 3D 列印機製作個人公仔服務「黑貓 3D 公仔服務」時，感到有點驚訝。不過，這項服務的地區和期限都有限制，似乎只是在測試市場反應，現在好像已不提供服務了。

我認為，不僅是 3D 相關產業，只要有人開創新的事業，且獲得好評的話，跟風者的出現是理所當然的事。不過，要是品質下滑的話，剛拓展的市場本身也可能會消失。希望其他業者，不能只是單純地模仿，而是要各自發揮獨特創意，提供優質的服務。

在個人公仔的市場中，還存在著許多可能性。與迷你四驅車的研討會一樣，在這次與 FabCafe 的合作企劃中，我們在情人節期間舉辦了「人臉巧克力製作活動」；在白色情人節期間，則舉辦了透過 bodySCAN3D 所取得的參加者資料來製作「人形軟糖」的活動。兩項活動都非常受歡迎。我認為這一類的創意遲早會成為一門生意。

研討會「裝甲男子人形軟糖」的成果

再加上，我認為 3D 掃描器今後也會持續進化，變得更加貼近生活。目前已經有人開始運用像是遊戲主機「Xbox」專用的裝置「Kinect」之類的廉價設備來進行掃描服務，並驗證效果，也有人開始實驗「透過數位相機或智慧型手機所拍攝的照片來製作 3D 資料」的系統。我非常期待有更多人能夠運用這些新技術，不單只是提供類似的服務，還要發揮各種創意，運用各自的拿手絕活拓展新的市場。

Case5：在娛樂部分所介紹的電影「派拉諾曼：靈動小子」上映後，電影公司舉行了「來製作很像自己的派拉諾曼公仔吧！」的宣傳活動，從報名者中抽出得獎者，這項活動本公司也有幫忙。我們負責將得獎者的臉製作成 3D 資料，然後將得獎者的臉和電影角色的臉交換，製作出個人公仔。我強烈地覺得，3D 商業活動今後有可能會以這種廣告宣傳工具的形式變得普及。

chapter

3

新的參與者

隨著製造場所的擴大，活躍於各處的參與者也變得多樣化。他們為何會開始使用 3D 列印機或 3D 掃描器呢？本章將會為您介紹他們的想法。

TOKYO MAKER
×

毛利宣裕（TOKYO MAKER）

看清製造業的進化

大家有聽過「TOKYO MAKER」這個詞嗎?該公司是個專業的集團，以低價的個人 3D 列印機為中心，徹底弄清楚其運用方式，試著研究自造者們的未來。其中心人物就是毛利宣裕。我們認為，在日本，他應該是少數能將 3D 列印機運用自如的人吧！

TOKYO MAKER 發表過各種作品，並實際成為市售商品，舉例來說像是 iPhone 的「東京 Chain Case」系列與燈罩等各種作品。這些作品會讓人愈看愈覺得不可思議：「這是怎麼做出來的呢?」，製作作品時的堅持為「使用 3D 列印機才做得出來的東西」、「使用以前的營業用 3D 列印機才做得出來的東西」、「反而只有個人 3D 列印機才做得出來的東西」。

在中野百老匯展示的天線店＊「啊！這就是 3D 列印店！!」。

＊譯註：antenna shop，以收集資料為目的的直營店。

光固化成型法的專家

據說，毛利先生原本是在高一時，從 NHK 所播放的特別節目之中得知了光固化系統的存在。該節目介紹了在美國展示會中展出的光固化系統。毛利先生當時的興趣是透過完全自製＊的方式來製作塑膠模型，當他看到這台「能夠做出任何形狀的樹脂零件的夢幻機器」登場後，他產生了一種期待，認為這應該能夠運用在模型製作上吧。

當然，那時的光固化系統是售價高達一億日圓以上的設備。雖然這種設備無法以個人的財力買來用，但他還是懷抱著期待，認為設備的價格肯定會下降，變得個人也買得起。雖說價格逐漸地下降，但即使現在，光固化系統的價格還是在一定程度以上。不過，我們可以說，他當時已經預測到，到了現在，熱熔型 3D 列印機取代了光固化機，變得個人也買得起。

後來，毛利先生立志成為設計師而就讀北海道工業大學。在其大學時代，美國 3D Systems 公司當時的日本法人代表來到該大學擔任設計講座的教授。毛利先生再次見到高中時代令他感到震撼的光固化系統。他成為了該講座的學生，1997 年大學畢業後，他進入接手了 3D Systems 日本分公司業務的因克斯公司（當時的名稱）工作。

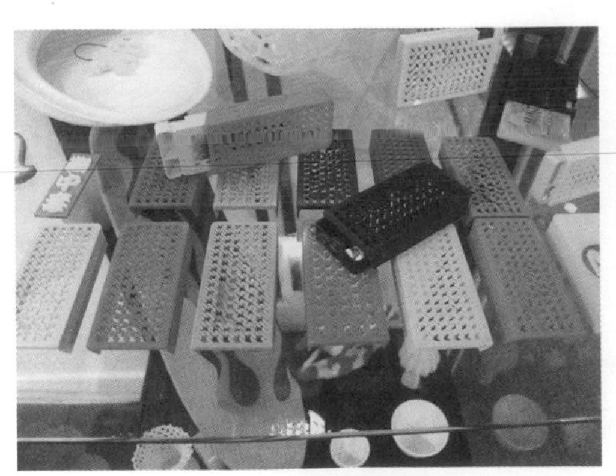

「東京 Chain Case」的背面呈現鎖鏈狀

由於美國 3D Systems 公司製造的光固化系統是手

＊譯註：full scratch，完全不使用其他模型的零件

工製作而成的，所以每一台設備之間的差異都相當大。毛利先生在公司內並不是擔任只要按下按鈕的一般操作員，而是被培養成能將每一台設備都調整成最佳狀態的工程師。後來，他在 2001 年從因克斯公司跳槽到現在任職的樣品製作公司。直到現在，他白天工作時，還是會持續使用工業用 3D 列印機。他說，要重新評估產品的參數，讓產品變得能夠以 1.5 倍的速度來製作，透過成本競爭力來贏過其他公司。

光固化系統採用的方法為，操作雷射，讓儲存在槽中的液態樹脂的表面變硬。正是因為有現在這種設備，才能改善「樹脂的替換」等工作條件。以前「將重達 30kg 的樹脂抬到腰部的高度」之類的工作非常辛苦，由於夏天很熱，所以也經常發生「冷卻機（chiller）的室外機停止運作」之類的問題。

設立「TOKYO MAKER」

2012 年 3 月發生了一件對毛利先生來說最難過的事情。他的妹妹在東日本大震災中喪生。據說，震災過後一年才舉辦的喪禮有非常多人來參加，毛利先生看到這種景象之後，強烈地感受到了

裡面裝入了燈泡的造型燈罩

「想要多與他人交流」這一點。「運用自己的技術，難道不能做些什麼嗎?」這件事情成為了 TOKYO MAKER 創立的契機。

TOKYO MAKER 由前因克斯公司的山田真次郎先生與毛利先生共同經營，器材、消耗品、交通費等費用都由兩人各出一半。他們選擇要引進的第一台 3D 列印機是「3D Touch」（3D Systems 公司製），該設備在 2012 年 11 月底送到。當時，克里斯・安德森（Chris Anderson）的著作《MAKERS》*（NHK 出版）剛好在日本發售，媒體大肆報導，3D 列印機熱潮開始出現。據說，毛利先生在見到噴墨式 3D 列印機時，在半天的講習會中，他也感受到「人們常說的那些關於參數的訣竅，大概會變得不必要吧！」。

賣了約 300 個的後雨刷蓋

在開始使用 3D 列印機約 1 個月後的 2012 年 12 月底，熟識的修車廠老闆提出了「能不能透過 3D 列印機來製作某個零件呢?」這項委託。修車廠老闆說：「雖然 20 年前就停產了，但義大利的『Lancia Delta Integrale』車款至今還是很受歡迎。廠商已經停止供應該車款的後雨刷蓋零件，最近這 2 年，就算向廠商訂貨，也沒有回應。」這似乎就是提出委託的原因。

接下這個委託後，TOKYO MAKER 的夥伴們每個週末都會聚在一起，反覆進行「製作 3D 資料，列印出測試零件，和實物進行對照」這些工作。接下委託後過了一個半月，終於做出修車廠老闆也很滿意的零件。事實上，這個零件之後也很暢銷，賣了約 300 個。

＊譯註：同 P55 註為同一本書。

每週末，大家都會帶著便當來聚會，解讀義大利設計師的意圖，互相腦力激盪，反覆進行測試。據說，每過一週，品質就會變得愈好，最後，當零件能夠剛好裝上去的那個瞬間，不管是製作者還是委託者，大家的臉上全都充滿了喜悅。「那個笑容，一瞬間就將所有的辛苦化為美好的回憶與經驗。」毛利先生回想當時的情況。據說，當時 TOKYO MAKER 的成員也分享了「不是為了錢，而是為了看到對方開心的表情才去做，想不到居然如此快樂」這個想法。

以這次的經驗為契機，毛利先生開始思考「今後，製造業的進化趨勢也許會和過去完全不同」這一點。現在看來，3D 列印機的性能還不能說是非常足夠，但 3D 列印機的性能確實應該會逐漸提昇。為了看清製造業的進化，他們也必須用自己的雙眼來確認 3D 列印機的進化。

因此，TOKYO MAKER 在 2013 年 7 月引進了一台美國 Makerbot 公司製造的「Replicator 2X」，同年的 8 月再引進一台 3D Systems 公司製造的「Cube2」，在同年的 9 月，又再多追加引進了一台 Replicator 2X。2014 年 3 月採購了

經過反覆嘗試後才完成的後雨刷蓋

台灣 XYZprinting 公司的「da Vinci 1.0」。再加上，為了進行評價而借來的Opencube（總公司位於日本橫濱市）所研發的「SCOOVO C170」，TOKYO MAKER 目前已有 5 種不同款式的設備，數量總共為 6 台。

在次文化發祥地設立「天線店」

2014 年，TOKYO MAKER 在東京都中野區的「中野百老匯」設立了天線店。雖然提昇 TOKYO Maker 的知名度也是目的之一，但「想知道大家想做什麼」這種想法似乎也很強烈。也就是「光靠我們自己，想要持續將新的創意化為形體是有極限的。對一般人來說，為了讓 3D 列印機變得普及，我們必須再多花一點時間，並準備某種殺手級應用服務（killer contents）。我們必須詢問一般人想要製作什麼樣的物品」。

在東京秋葉原，確實已經有幾家關於個人用 3D 列印機的店鋪，而且澀谷的店租很貴。從這一點來看，中野地區幾乎沒有能夠成為對手的大眾化店鋪。不過，毛利先生一開始似乎是打算在澀谷或秋葉原設立天線店。在中野百老匯雖然可以看到各類文化的愛好者，但這裡並不是「對自己動手做東西感興趣的人」會聚集的地方，這是因為人們對此地的認知為「只有在中野買賣才能取得的超罕見收藏品」的地方。毛利先生認為，就算在中野開 3D 列印店，也沒有客人會來，再加上毛利先生的家位於橫濱，距離中野很遠，所以他抱持反對意見。

急忙在東京設計師週展出

正當 TOKYO MAKER 在進行那樣的討論時，TOKYO MAKER 突然能夠在日本最大規模的藝術活動「東京設計師週」的貨櫃展展出作品。由於時間點是在活動的一個月前，所以沒有時間慢慢準備。他們暫時停止關於天線店的討論，拚命地開始進行參展的準備。

活動會期是 2013 年 9 月底到 10 初的 10 天。他們將主題訂為「有東西從天而降」。想要傳達的想法為，即使不自己製作 3D 建模資料，也能從世界各國的網站免費下載資料，進行 3D 列印。他們準備了包含這項旨趣的裝置，在貨櫃內使用 5 台個人用 3D 列印機來實際展示 3D 列印過程。在活動開始前，他擔心地覺得「反正大概沒什麼客人」，但活動實際開始後，在 10 天內，總共有將近 2 萬人來造訪，場面非常熱烈。

初次見到個人用 3D 列印機後，有些以前的 DIY 族也表達了「由於是積層製造技術，所以表面挺粗糙的。就這種品質啊！還差得遠呢！」、「要花那麼多時間啊！」這類否定的評價。不過，由於東京設計師週是一個許多對藝術與手工 DIY 有興趣的人會來參加的活動，所以據說大部分的人都會雙眼發亮地說出「居然能做出這種東西啊！」、「那麼快就做出來啦?」這類完全相反的意見。

後來，據說參與東京設計師週的這項經驗讓毛利先生產生了自信，讓他覺得「不管在哪裡開店，應該都行得通吧！」。他再次試著進行各種調查後，開始認為「中野百老匯是個好地點」。

內部裝潢全都由自己來

在 3D-CAD「CATIA V5」建模大賽中連續兩年奪得冠軍的浦元淳也社長是石頭湯公司（總公司位於橫濱市）的老闆，他對 TOKYO MAKER 的想法產生了共鳴，決定以共同出資的方式來設立天線店。基於空店面與預算的考量，天線店的位置不是愛好者會聚集的 2 樓或 3 樓，而是以販售食品・服飾為主的地下一樓。店面空間約 4 坪半。

由於沒錢請人裝潢，所以毛利先生利用週末與下班後的晚上 7 點到 11 點，花了約 1 個半月進行裝潢。接著，2014 年 2 月 3 日，由 TOKYO MAKER 和石頭湯股份有限公司共同出資的「啊！這就是 3D 列印店！！」在中野百老匯開幕了。服務內容包含了，使用 5 台個人用 3D 列印機來進行實際運作展示、3D 建模服務、3D 列印服務、個人用 3D 列印機的購買諮詢、3D 列印產品的販售、建模教學服務等。

據說，天線店開始營業後，無論是星期幾，不管是什麼時段，確實都會有各種男女老少的客公仔然上門，並坦率地向店裡的人搭話。客人從高中生到七十幾歲的高齡者都有，他們甚至連天線店的存在都不知道，來中野百老匯購物的人，在逛街途中，會發現天線店的存在，心想「這是什麼店呢？」，並停下腳步。最近，有愈來愈多公仔然從 Twitter 或 Facebook 等處口耳相傳得知的消息，為了這間店而專程來到中野百老匯，也有常客每週都會來。

其實，對我來說，中野百老匯是個非常懷念的地方。我小時候住在附近，常去位於地下樓層的霜淇淋店（以 8 層霜淇淋而聞名的店家「Deirichiko」）光顧。我去拜訪開幕後的天線店時，總會不禁順路去光顧那家霜淇淋店。

毛利先生每天的工作內容的主題就是，推廣個人用 3D 列印機，以及探聽愛好者與一般人想要的東西。毛利先生似乎在進行一項實驗，實驗內容為，如果真的去追求「為了讓客人開心地綻放笑容而展開行動」這一點的話，會變得如何呢？我建議大家務必要試著光顧「啊！這就是 3D 列印店！！」這家店。

毛利先生與作者。兩人位在中野的天線店「啊！這就是 3D 列印店！！」的前方。

米谷芳彥（id.arts）

3D 業界的「瞞天過海（Ocean's Eleven）」

id.arts 在面對每個專案時，都會找來各種專家，組成團隊。這種團隊給人的感覺就像是「3D 業界的瞞天過海 *」。團隊的中心人物就是米谷芳彥。id.arts 的網站（http://idarts.co.jp/3dp/）上公開了一部分在專案中研發的產品，我看了網站後，覺得這些人真是厲害啊！

如果能夠集結優秀人才的話，開公司也許是個不錯的主意。不過，在現實中，事情並不會那麼順利。「即使酬勞多少有點高，不過要寫程式的話，最好還是交給那個人寫。」只要能招募到這種專業中的專業人才，就絕對能做好工作。id.arts 採取的就是這種經營方針。每次在處理專案時，各種人才就會聚集在一起，共同為某件事努力。在 3D 業界中，這種作法也許是相當罕見的。

依照專案內容來招募專家

id.arts 旗下的這些專家們就是米谷先生的人脈。有的人是自由工作者，有的人則在經營公司。他們的居住地點包含了東北、九州等全國各地，所以在進行專案時，會藉由「將檔案放在伺服器上共

＊譯註：「瞞天過海」是知名好萊塢電影

享」來合作。據說，即使是「建築公司的目錄製作」這一類工作量相當大的專案，一個專案的參與人數也頂多只有 5 人左右。

舉例來說，有個建築類商品研發的專案，具體來說，就是要研發能裝設在獨棟住宅內的家具。米谷先生和設計師進行各種討論後，會將家具的形狀做成立體 CG，然後挪用該資料，透過 3D 列印機來製作模型。在和客戶簽約或進行商業談判時，他們會將此模型用於提案，所以他們會深入地研究模型的設計。

事實上，在建築界中，只有一小部分企業會採用最先進的 3D 技術，主流仍是 2D（平面圖）。因此，在設計階段，即使經過相當縝密的驗證，結果在施工現場還是會發生許多問題。目前的現狀為，施工現場的工匠會透過「本領」設法解決問題。

因此，只要將 2D 平面圖轉換成 3D，並縝密地呈現大小與形狀，就能清楚地得知，實際上是否會出現干擾，以及尺寸是否合適。3D 化能夠事先預防「以前要到了施工現場才會察覺的問題」，同時也有助於「讓現場施工者不用進行細微修正，可以依照設計圖來完成工程」這一點。

另外， 3D 資料的品質也很重要。雖然米谷先生會正確地製作，但在業界內，真的有許多類似舞台裝置的東西。也就是說，要讓人看到的表面部分，會確實做出來，背面部分則不做。

如果是 CG 資料的話，就會常常出現厚度為零的情況。即使想使用 3D 列印機來列印，但厚度為零的資料是無法列印的。再加上，依照 3D 列印機的性能來建模也很重要。舉例來說，由於此機種能夠達到這種精準度，所以牆壁厚度能夠做得那麼薄。以高階機種來說，能夠更進一步地調整積層的厚度，所以要必須一邊思考「如何讓尺寸更加吻合」，一邊進行細微調整。

建築模型

米谷先生至今參與過，時鐘與珠寶飾品等各種產品的工業設計、內容研發（content development）及應用軟體研發等。舉例來說，他的工作就是，透過 CG，以擬真手法來重現「實際將東西放入經過設計的瓶子後，會變得如何」，並進行確認，然後在能夠大量生產前進行技術驗證。在進行技術驗證時，試作品是不可或缺的，所以他從很久以前就開始運用能製作試作品的 3D 列印機。

以個人身分購買 3D 列印機

米谷先生開始以個人身分購買 3D 列印機來使用，是在約 5 年前。據說，市面上剛好推出了低價機種。具體來說，他購買了 Stratasys 社的「uPrint SE Plus」，該 3D 列印機採用的方式為，從內建加熱器的可動式噴頭中噴出熱塑性樹脂。此設備當時的售價為 300 萬日圓左右，列印區約為 20cm 見方。

米谷先生買了盼望已久的 3D 列印機後，便一邊想說「總之，試著將至今在電腦上設計的東西化為實體吧！那樣做的話，應該就會產生各種新的想法」，一邊開始使用。

事實上，這台 3D 列印機不太適合用來製作時鐘、珠寶飾品的原型這類形狀細緻的物品。這類形狀細緻的物品要用其他種類（光

使用 3D 列印機製作而成的微型家具

固化）的 3D 列印機來製作，而且由於市面上已經存在許多 3D 列印服務，所以可以透過外包的方式來應付。

不過，雖然這種 3D 列印機的精準度很高，但卻無法製作大型物品。若要製作建築等產品的話，某種程度的尺寸果然還是必要的。因此，他考慮到「價格也變得便宜了」、「可以在手邊製作，以節省時間」等優點後，決定要引進上述的 3D 列印機。

米谷先生從以前開始，不管是進行設計，還是工業類產品的研發，都會使用名為快速成型（RP）機的鑄型機。雖然當時只有要價數千萬日圓的機種，但到如今，用數百萬日圓就買得起能製作試作品的器材。於是，他自己也買了台來玩。據說，這台機器非常有用，可以讓他思考「下次要透過這個研發出什麼樣的新商品呢?」。

也採取了自造者般的嘗試

最近，米谷先生也開始去做，所謂的「自造者」會做的事。他找了幾家建築設計事務所和建材公司等，組成了一個「研發建築類原創產品」的團隊。他自己負責產品的方針與研發。

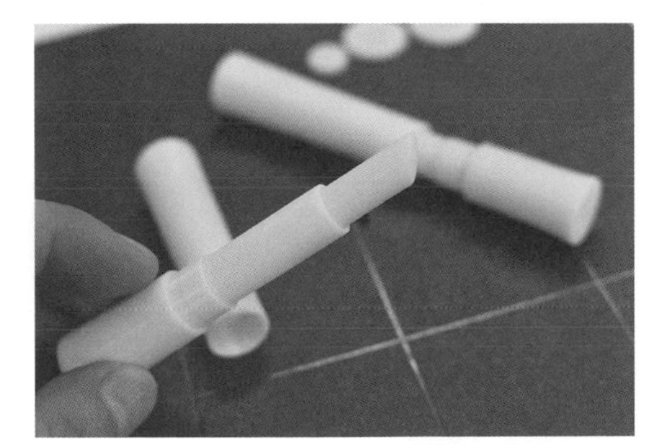

使用 3D 列印機製作的試作品

雖說是建築類產品，但並不是建築本身，而是建材或用於家中的小東西等。他的想法是，這與其說是廠商的正式計畫，倒不如說是「想要製作建築師真的想要的東西」。成員聚集後，會當場交換意見，像是「想要這樣的」、「像要那樣的」，同時進行研發，決定要製作的原創產品。

在與各種企業交易的過程中，他有時似乎也會感受到「為何不做這個呢？」這一點。在這種情況下，米谷先生會將想法化為具體的方案，進行提案。在製造商這邊，有許多人不會受到產品框架的限制，而是會想要進行稍微不一樣的挑戰。不過，「雖然想做某件事，卻不知道該怎麼做才好」這種人據說也很多。因此，就輪到米谷先生登場了。

舉例來說，2014 年 4 月他開始在 DMM.make 與 rinkaku 這些平台上販售微型家具系列。原本，製作微型家具的目的是，想要讓建築模型等變得更加逼真。他巧妙地運用已經累積下來的 CG 資料，透過噴墨式 3D 列印機來製作模型。據說，如果一個模型賣幾百日圓或幾千日圓的話，設計師之類的人會很樂意購買。

iPhone 手機保護殼

這種模型雖然很小，尺寸僅有實物的 1/10，但有呈現出靠墊的皺褶，使其看起來很柔軟，重現出很棒的質感。目前也正在進行「將某大型高級家具製造商的產品陣容製作成迷你家具系列」的企劃。

他們也製作了名為「插花戒指」的產品。戒指的部分使用 3D 列印機製作而成，然後把花插在戒指內的柔軟海綿（綠洲）上。設計概念為，將真正的花插在綠洲上當做裝飾。

當初是覺得好玩才開始做的，據說，他今後打算將 3D 資料公開，讓大家使用。雖然米谷先生姑且也有計劃要販售模型產品，但並不打算靠這個來賺錢。他的想法為，比起賺錢，更希望讓很多人知道這個點子，如果最後有人「想要和 id.arts 公司一起工作」這樣想的話就好了。據說，包含這層意義在內，id.arts 網站上所刊載的照片都拍得非常漂亮。

不只有透過 3D 列印機製作的模型，他們也研發融入了電子設備的產品。舉例來說，像是葉子造型的感應裝置。此裝置是一種智慧型電表，只要使用很多電，葉子就會枯萎，當田地的土壤狀態很好時，葉子就會朝氣十足，葉子的狀態會對感應器產生反應，出現變化。感應條件全取決於程式，想要怎麼變都行。

試著製作簡易型照相亭

雖然米谷先生在工作上不太會運用到 3D 掃描器，但他打算運用簡易的裝置打造照相掃描亭。由於購買幾十台單眼反光相機要花

插花戒指

很多錢，所以他想到的點子為，將一台約 5000 日圓的數位相機和「樹莓派（Raspberry Pi）*」組合起來，打造出照相掃描亭。他實驗性地試著做了幾個裝置，視情況會考慮向某處提案。

最近，許多企業都有嘗試製作照相掃描亭。透過照片資料來合成 3D 資料的演算法（algorithm）沒有很大差異，開放原始碼（open source）也有 3 種左右。國外的技術似乎比較進步。

在日本，東京 Lithmatic 也開始提供了名為「瞬撮」的照相亭服務。該服務使用了單眼反光相機。英國有一個名為 Infinite Realities 公司的企業，「瞬撮」所採用的構造基本上與該公司相同。

＊譯註：**Raspberry Pi，一種微型電腦。**

不過，「瞬撮」雖然採用了相當高階的工作站電腦，但掃描後，在合成拍到的照片時，似乎還是要花費 1 小時以上。

如果運用雲端運算來進行這類處理的話，處理速度或許會變得更快吧！如果採用雲端平行運算的話，處理時間也許會從現在的 1 小時變成 5 分鐘左右。

迎向能輕易做出逼真試作品的時代

id.arts 開始從事自造者運動，是這幾年的事。透過 3D 列印機，不僅能夠輕易地做出結構零件，由於「樹莓派（Raspberry Pi）」這類單板電腦的出現，基板類零件也變得容易使用了。不過，一開始，基板類零件只運用在樹莓派等市售產品上，到了最近，自己買零件來製作電腦的人似乎也增加了。其最大的理由就是小型化。由於市售的電路板稍大，所以必須配合產品的大小。即使如此，零件費用也只需幾千日圓就能搞定。

感應裝置

能用如此便宜的價格買到印刷電路板，讓我感到相當驚訝。以前，在國內如果請人設計基板，並進行蝕刻加工（etching）的話，需花費幾千萬日圓。要是數量少到只有 1 ～ 2 個，業者絕對不會接單。印象中，花費的成本會超過模具費用。不過到了現在，即使生產批量相當少，工廠也願意以低價來生產。時代果然不一樣了，對吧！

不過，樹莓派這類單板電腦雖然簡便，但限制也不少。由於這種電腦被製作成什麼功能都有，所以除了剛才提到的尺寸問題以外，還有不需要的功能。只要有不必要的功能，當然也就會消耗電力。

在市售商品中，最初所製作的原型是非常珍貴的。因此，要先驗證「是否能運作」等基本事項，接著再去思考「將產品縮小的方法」。

我認為，雖然現在有許多中小企業不僅能從事加工，也具備各種技術，但卻苦於沒有銷售管道。大企業雖然擁有很厲害的技術，但卻在產量部分面臨苦戰。明明具備驚人的最先進技術，但包含設計性的部分在內，展現技術的方式卻不高明。得來不易的技術完全沒有被活用。

即使是剛才所介紹的葉子造型感應裝置，在這種能讓葉子枯萎、站立起來的構造中，也許包含了很厲害的技術。感應器類的零件應該也含有許多非常小型的高性能的技術吧！據說，其實 id.arts 正在進行的幾項研發工作，也運用了這種不為人知的技術。

提出點子後，然後大家一起去思考「要如何運用這個點子來做生意」。對於會和其他公司合作的團隊來說，尤其是中小企業，這種方法是必要的。那種會實際和大家一起投入事業中，一起做生意的指揮型人才，以及懂設計的人才，應該是企業所需要的吧！我希望到最後，許多企業和技術都能為人所知。

photo: Nobutada OMOTE | SANDWICH

名和晃平（雕刻家）

不能只成為使用者

我第一次見到名和先生是在約 5 年前。當時，他拜訪了本公司在大阪設立的店鋪「3DDS（數位服務）」。那時，3D 掃描器和 3D 列印機還沒有那麼有名。不過，名和先生從更早以前，大約從 10 年前開始就對 3D 數位技術有興趣，也就是說，他從學生時期就進行過各種調查。

名和先生最初來到 3DDS 時，想要製作 au* 的「iida Art Editions」手機的概念模型。據說，他帶著「難道不能以 3D 資料為核心，將 3D 掃描器和 3D 列印機運用在創作活動上嗎?」這種想法，在網路上搜尋情報的過程中，找到了 3DDS。

掃描高麗菜和衛生紙！？

名和先生的主要目的在於，要確認「透過 3D 掃描器，能將什麼程度的形狀掃描成數位資料」、「實物會變成什麼樣的 3D 資料呢?」這兩點。不過，當去購買要掃描的對象時，他所選擇的是罐裝飲料、高麗菜、衛生紙。雖然我試著透過 3D 掃描器來掃描這些東西，但我還是完全不懂他這樣做有什麼目的，所以我對他的第一

＊譯註：au（エーユー），或 au/kddi（au by KDDI），是一個日本行動電話網絡品牌。

印象是「怪人」。

不過，他在選擇每一樣物品時，的確都帶有目的。首先是高麗菜。名和先生開始製作「PixCell」這項作品後，最初所發表的作品的主體就是高麗菜。該作品的製作方法為，將片狀的水晶玻璃（鉛玻璃）貼在生的高麗菜上，做成雕刻。關於此作品，他的目的是確認「將高麗菜掃描成 3D 資料（立體像素資料）後，會變得如何」這一點。

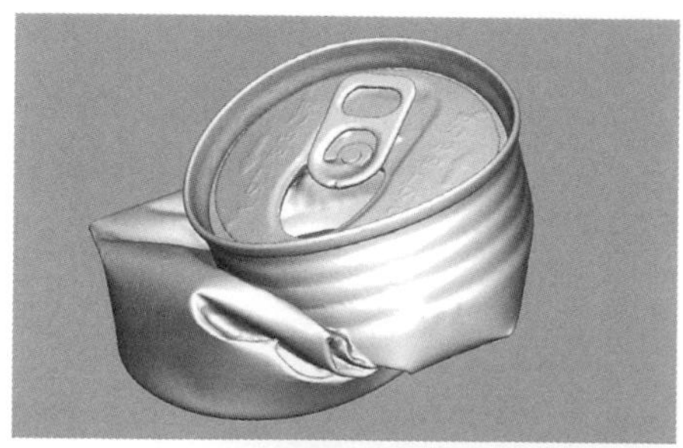

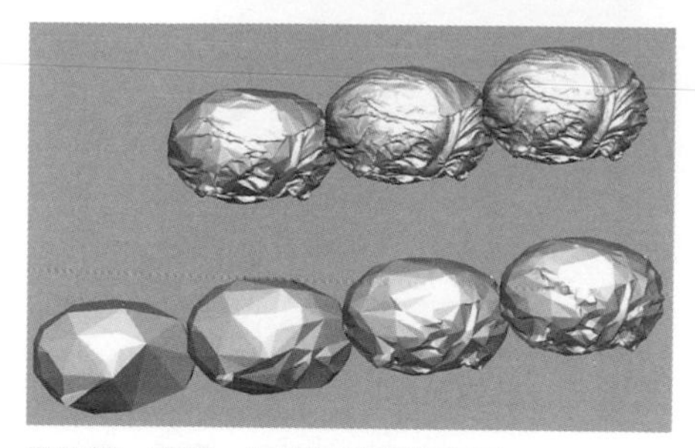

衛生紙、空罐、高麗菜的掃描資料

選擇衛生紙則是為了要觀察，掃描器能將「有分量的白色物品質感」呈現到什麼程度。並觀察透過 3D 掃描器的解析度，能將「衛生紙上有點歪斜的部分」重現到什麼地步。據說，他認為「要是細微的蜿蜒起伏全部都消失，衛生紙變成了普通圓筒形，應該很難用於創作活動吧！」，並試著進行試驗。

在罐裝飲料部分，他先將內容物倒出來，使其成為空罐後，再進行掃描。他試著壓扁空罐，觀察「掃描器能將產品遭到破壞而變形後的形狀等，呈現到什麼地步」。其實，在掃描這個空罐時，我不在場，後來我看到空罐一直放在那裡後，還大聲罵了員工一頓。

為何要使用 3D 資料

名和先生在這個時間點採取具體行動的理由，大致上有 2 個。第一個理由是，與其說 3D 掃描器和 3D 列印機的技術已經成熟，倒不如說，我們已經來到「個人買得起這類設備」的時代了。這不僅是指「以個人的身分購買 3D 掃描器或 3D 列印機」，同時也是在說明「運用這類設備的服務也持續在發展中」。事實上，3DDS 也有提供 3D 掃描與 3D 列印的服務。

另一個理由則是，iida 是一種資訊終端裝置。據說，他認為，既然這項專案的內容為「資訊終端裝置的設計」，那應該很適合採取「透過 3D 資料這種資訊來進行設計，並直接將資訊化為形體」這種方法吧！在思考要如何直接地呈現出「將資訊化為形體」這個概念時，他想到了一個方法，那就是 3D 列印機。

在名和先生的代表作中，有一個名為「PixCell」系列的作品。他開始製作這項作品時，也正逢「網際網路變得普及，逐漸滲透到社會中」的時代。他從一開始就一直在觀察「各種傳統媒體持續不斷數位化的過程」，並思考要如何透過雕刻來詮釋這種現象，於是他創作出名為「PixCell」的雕刻作品。

「像素（pixel）」是電腦用語。一般來說，指的是處理電腦圖片時的最小單位。另外還有由像素和紋理（texture，表面的模樣）組合而成的「紋素（texel）」、由像素和體積（volume）組合而成的「體素（voxel）」等用語。名和先生似乎在思考「若是那樣的話，紋素和體素分別會成為什麼樣的雕刻呢？」這一點。他想說「只要先和 3D 資料建模工具等產生連動，再製作被視為 3D 空間內最小體積單位的體素的雕刻就行了吧！」，於是便開始研究 3D 工具。

在設計 iida 的模型時，由於也會受到「手機」這項限制，所以他首先簡單地使用了 3D 工具。名和先生選擇了深澤直人製作的「PRISMOID」這個模型，然後將各種尺寸的球（球體）插入該 3D 資料中。

「東京都江東區豐州的公共藝術計畫」與 iida 概念模型在同一時期實施，由於該計畫的預定完成時期是 2010 年，所以該計畫

在犬島「家 Project」的 F 邸中展示的《Biota（Fauna/Flora）》
collection of benesse Holdings Inc.
courtesy of SCAI THE BATHHOUSE
photo：Nobutada OMOTE ｜ SANDWICH

的設計概念為，將藝術裝置做成類似小說《2010 年 邁向宇宙之旅》中出現的磐石（monolith）那樣的形狀，並讓 cell（球體）穿過牆壁。

名和先生有一個作品讓我留下很深刻的印象，那就是 2013 年在瀨戶內國際藝術節中展出的作品。該作品名叫「Biota（Fauna/Flora）」，展示地點是以展示犬島「家 Project」當中的企劃為目的而打造的藝廊之一「F 邸」。

雖然在製作此作品時，本公司也曾使用 3D 列印機協助製作模型，但我到當地看到完成的作品後，卻嚇了一跳。這是因為，完成品變得跟 3D 列印機製作的模型完全不同，根本無法產生聯想。

據說，在製作位於犬島的這個作品時，作者挑戰了「先將建築物製作成 3D 資料，並在裡面布置使用 3D 工具製作而成的雕刻，透過 3D 軟體來討論整體情況後，再輸出成實體」這種製作過程。藉由這樣做，就能事先討論「走進建築物內，遇見雕刻時，會有什麼感覺」這一點。實際上，雕刻明明被放置在地板上，但卻讓人感受不到重力，雕刻像是沒有重力般地輕輕位在該處，完成的作品給人一種很奇妙的感覺。

犬島的作品透過 3D 工具設計，產生一項很大的效果，那就是能夠應付非常短的製作期間。具體來說，包含「將東西拿到現場布置」在內，必須在 50 天內完成全部工作。

製作時間只有 50 天，而且還必須讓整個團隊分擔實際工作。動員各個工廠，依照能讓所有工作趕上進度的排程，一邊動工，一邊讓想法融入作品中。由於事先有將建築物製作成 3D 資料，所以在那裡沒有發生形狀不一致之類的問題，工作進行得很順利。我們也許可以說，正是因為有事先將所有東西做成 3D 資料，所以才能完成犬島這件作品。雖然要將各個雕刻搬到當地，並設置在該處，但詳細的設置位置其實也能夠在 3D 資料中確認。

名和先生還有一項令我感到很震撼（?）的作品。那就是為了「iida 社長獎」而設計的獎杯。此作品是在得到深澤直人先生、中村勇吾先生、研發團隊的理解後才製作的。獎杯的頂端放了得獎者的公仔。

用來製作該公仔的 3D 資料是本公司負責製作的。雖然我們使用 3D 掃描器掃描了得獎者的全身，不過由於最初並沒有聽說用途為何，所以完全無法想像最後會變得如何。沒想到居然被用在那麼重要的事情上，該資料最後成為了很厲害的作品，讓我們感到非常驚訝。

「iida 社長獎」的獎杯。設計師透過 3D 掃描器將得獎者全身掃描成 3D 資料，然後根據資料來製作公仔，並將其放在獎杯頂端。
photo: kenji AOKI | SANDWICH

不要成為一般的使用者

能夠將 3D 資料化為實物的方法有許多種。當然，可以用手工方式來切削，即使運用 3D 資料，也能使用 NC（數值控制）切削加工機。

名和先生最初使用 3D 列印機來製作模型時，採用的是透過接著劑來固定石膏粉的方式。因此，據說表面帶有粗糙感，質感不怎麼討喜。他的評價為，雖然以推測該形狀製作而成的模型來說，算是不錯，但若要直接將 3D 列印機製作出來的模型當做作品的話，還是相當困難。

不過，雖說如此，但名和先生並沒有否定 3D 工具，而是持續感受到其可能性。電腦與噴墨式 2D 列印機在家庭內變得普及，以設計等平面藝術界的方法論來說，數位化有很大的進展。他的認知為，與此同樣地，在 3D 相關技術方面，數位化當然也是主要趨勢，人們無法阻擋這種趨勢進入當今的社會基礎建設中。

而且，他將 3D 工具視為文明的利器，既然這些工具會以人類的感性所渴望的形式滲透到社會中，並持續進化的話，他想要知道這些工具會是什麼？名和先生的想法是，為了理解這些工具，他必須親自去使用。

從「親自去使用」這一點來看，令人感到很有意思的是，名和先生等藝術家會採取有點奇特的使用方式，做出有點脫離常軌的事。給人的印象應該就是「不會依照製造 3D 列印機的廠商的規定來使用，而是會透過稍微不一樣的觀點來使用」吧！

在這個意義上，名和先生說：「我認為自己不能成為一般的使用者」。電腦應用軟體，例如「Adobe Photoshop」和「Adobe Illustrator」等軟體，變成創作者必定會使用的，在藝術類大學中，不管哪個科系，所有人都會學習這些軟體。不過，如果在那裡成為了普通的使用者，學生總之就會變成只能在「Photoshop 研發者所想到的範圍」內進行創作。明明如果用手畫的話，也許有其他呈現方式，但那種可能性卻消失了。

然而，藉由「將多種不同的軟體組合起來使用，或是試著將其功能用在原本目的之外的事情上」，就能產生軟體研發者預料之外的效果，或是透過預料之外的觀點來取得創作上的突破性進展。接著，可以想像得到，人們會透過該突破性進展來創造新的創作形式，並研發合適的軟體。因為，如果不這樣做，就不會進步。

我認為，不僅是名和先生所在的藝術界，在以製造業為首的所有領域中，也都可以這樣說。舉例來說，「如果考慮到企業的要求，在製作所有產品時，都必須將利潤擺在第一位」，這種成見正在社會上蔓延。依照這個道理的話，就很難會出現「做奇怪的事情來玩的人」。

確實如此。舉例來說，在製造業中，只要引進工具機等製造設備的話，所要注意的事項的確就會變成「透過該設備的性能，能夠多快、多便宜地製造產品」。雖然有研究先進生產技術的部門，但許多技術人員和一般使用者，應該都不會去思考「試著去做辦不到的事」這一點吧！

當然，「使用工具」這件事本身並不是什麼壞事。工具愈是進步，對於要熟練使用工具的人來說，下次就會變得必須具備「能夠看清該工具的判斷力」、「凌駕該工具的能力」。我認為「工具和人要趕上時代，並一邊互相超越，一邊以開創新局面為目標」這種情況才是正確的吧！

「應該要消除 IT 工具，以人工方式來進行所有工作。」也許有的人會這樣想。暫且不管這一點，雖然追根究柢的態度，應該是有意義的吧！不過 3D 工具給人的印象，已經是為這個社會帶來便利的工具，讓人們踏入光靠人力無法達到的領域，並持續打破過去的限制。雖然無論是 3D 掃描器還是 3D 列印機，目前的性能都還不能說是十分足夠，但藉由持續使用這類工具，才能讓工具和使用者都達到一個新的高度。

成為能夠即時理解周圍狀況的工具

名和先生用了好幾次位於 K's DESIGN LAB 的全身掃描服務。對於這種 3D 掃描器，名和先生說出「此設備成為了能夠即時理解周圍狀況的工具」這樣的感想，展現出對此設備的極大興趣。

相機的記錄手段從鹵化銀底片變成了數位資料（記憶卡）。即使是底片相機，最後也加入了「按下快門的瞬間就能儲存日期與周圍情況」的功能。透過這種功能，相機不再

野外雕刻《Manifold》。被設置在韓國・天安。

collection of ARARIO Corporation
courtesy of ARARIO GALLERY and THE SCAI THE BATHHOUSE
photo：Nobutada OMOTE ｜ SANDWICH

是「只能透過單一視點來記錄 2D 圖像的工具」，而是應該會成為「能將更多關於周圍情況的資訊記錄下來的工具」。就像 Google 想要將全世界的表面都數位化那樣。

說到 3D 掃描器，現在的性能已經發展到，能夠將基本的 3D 形狀與表面的顏色掃描成資料。不過，今後應該會朝著「能夠辨識材料（材質），將目標所在的整個環境都掃描成資料，並儲存起來」的方向發展吧！

關於全身掃描所需的時間，透過位於本公司的 3D 掃描器，需花費約 6 秒鐘。一般來說，全身掃描就算花費一分鐘以上也不稀奇，所以 6 秒應該算是相當短吧！不過，即使如此，有的人還是覺得 6 秒很久。如果掃描時間能夠變得更短，舉例來說，要是花費約 0.01 秒就能完成掃描，藉由反覆進行高速掃描，就能即時記錄下 3D 資料。也就是說用相機來說，3D 掃描器會變得能夠以類似攝影機那樣的構造來記錄資料，相當於攝影機變成 3D 的。如果還能進一步地將「材質資訊、透過 MRI 測量到的人體內部資訊」等所有資訊都記錄下來的話，好萊塢電影的拍攝方式也會產生更大的變化吧！也許會出現各種媒體，像是遊戲和電影等互相融合的情況。這樣就能實現「依照觀看者的視點，可以讓自己看起來像是在電影中行動，或是看到後方的情況」這種世界。

名和先生甚至還產生了這樣的想像：當我們能透過 3D 掃描器即時將所有情況都儲存下來時，就能「在電腦中製作出一個完全平行的宇宙」。

原作始終是原作

關於「藝術家的 3D 技術運用」，讓我感到興趣的一點就是，藝術家對於「將作品的形狀製作成數位資料」這件事是否會產生抗拒。當然，我認為積極地使用 3D 工具的名和先生不會產生那種抗拒，但在其他藝術家當中，似乎有人會產生抗拒。那種人應該是在害怕「只要有了資料，也許就能做出相同的作品」這一點吧！不過，暫時先不管是否要公開資料，在製作過程中，某些資料的存在，已經是無法避免的事。

我覺得，「著作權的主張」與「以收費／免費的方式公開資料」其實應該要分開來思考才對。舉例來說，漫畫家佐藤秀峰以免費的方式公開了《醫界風雲》（原名：ブラックジャックによろしく）的數位版。然而，最後只要成為書迷的話，就會購買紙本書籍，所以從結果來看，這項事業是成功的。

在各種意義上，現在都是過渡期。在唱片業中，由於數位檔案開始透過網路來傳播，所以 CD 的銷路變差了。與此相同，我們果然還是只能依照時代的潮流來思考吧！這是因為，如果透過法律規範來全面禁止數位音樂，

由名和先生擔任主管的工作室「SANDWICH」內的情況。

人們聽到歌曲的機會自然就只會減少。

現在，政府機關正在進行「將國寶與重要文物等掃描成 3D 資料，並建立數位典藏資料庫」這種研究。不過，雖說如此，原作的價值並不會下降。在數位典藏資料庫中，只要在可行的時間點，經常地持續更新資料，讓資料維持最高品質即可。

原作的價值與數位化作品並不相同。原作就是原作。反過來說，如果透過 3D 列印機將數位化資料列印而成的作品的價值與原作相同的話，那原作就變得不再是原作了。

不過，要是真的有人製作出「甚至連所有分子結構都能重現的掃描器與列印機」的話，我認為原作本身就會消失。給人的印象應該就是，如此一來，總之資料是最重要的，列印出來的東西全都是價值相同的實物。

3D 列印材料的最終型態是 DNA

關於 3D 列印機，名和先生今後最期待與關注的，果然還是各種材料（3D 列印材料）的發展。發展到最後，如果世上所有材料都能適用於 3D 列印的話，那真的會掀起一場革命吧！我也曾將許多課題告訴 3D 列印機的廠商，現階段，關於材料的課題，果然還是最多的。

使用的材料與設備的解析度能夠極度進化的話，包含 DNA 在內，正確地透過 3D 列印機製作出來的世界，也許就會來臨。如此一來，「製作能用於 3D 列印機的資料」這件事就會會變得與「設計生物」相同。也就是說，透過 3D 列印機製作出模型的同時，也能製造出生物。從另一個觀點來看，我們可以想像得到，不僅是我們人類，所有生物都是由資訊所組成的，而且實現這一點，也有助於闡明我們本身的存在意義。「DNA 分析與全身 DNA 的資料庫化」也許和此事有關。

從材料的觀點來看，我現在非常感興趣的是能夠使用食材的 3D 列印機。最近，食物列印機迅速地變得流行，糕點公司等也開始進行「提供食物列印機專用的食譜」之類的嘗試。

關於食品方面，不僅是形狀與顏色，這類設備或許也必須要能夠調整味道與口感等才行。如此一來，這一點也許就會成為導致 3D 列印技術迅速發展的關鍵因素。其實，我認為食物列印機的進化與所有列印機的性能提昇是有關的。當然，在資料製作方面，也還有「要如何地製作什麼樣的資料」之類的課題尚待解決。

3D 列印機是製作方式之一

名和先生當然不可能使用 3D 列印機來製作所有作品。就算他會先透過 3D 資料來決定某種程度的作品形狀，之後再使用 3D 列印機列印出模型，藉由實物來研究細節，但在某些例子中，他最後還是會使用切削工具機來切削，或是用手來切削，以完成作品。用來區別用法的基準之一就是作品的大小。

據說，實際上由於名和先生的作品以「大小接近人體尺寸的作品」與「比人體尺寸更大的作品」居多，所以大多會使用 NC 工具機來進行切削。若是製作「作品的縮小模型、與建築團隊打造建築時所製作的模型」的話，使用 3D 列印機就能充分應付。

在另外一個用來決定是否要使用 3D 列印機的方法中，成本因素據說也很重要。使用 3D 列印機來製作模型，仍要耗費相當多成本。在決定是否要使用 3D 列印機時，「即使花費較高成本，也要追求高精準度」這一點的必要性也會產生影響。

另外，由於最近使用者的技術變得熟練了，所以在電腦上稍微編輯一下 3D 資料，就能進行某種程度的預測。因此，採用「只有在重要時刻才會進行輸出」這種用法的人也變多了。

另一方面，為了要對產品的觸感進行評價，所以實物是不可或缺的。在製造業的商品研發過程中，有時要反覆進行「使用 3D 列印機來輸出模型，利用該立體模型來對觸感等進行評價，然後藉由堆高黏土或直接切削立體模型來修改形狀，下次再透過 3D 掃描器來將該模型掃描成 3D 資料」這種試作。

微妙的形狀，大多還是要靠人類的感覺才能判斷。無論是多麼高精準度的 3D 掃描器，也無法辨識金屬模具表面的凹凸等，技術純熟者如果不用指尖觸摸的話，就無法判斷。這類情況的確是存在的。那是千分之一 mm 的世界。這種差異應該還有很多吧！

名和先生在製作 3D 資料時，有時也會很難呈現出微妙的形狀。舉例來說，他透過各種模型來驗證建築的屋頂形狀時，即使透過「Rhinoceros」或「Freeform」等 3D 工具直接編輯資料，據說也相當難呈現出微妙的 R（稜角圓滑度）。在這種情況下，他的判斷為，使用黏土，或是切削發泡苯乙烯，會比較快。藉此來呈現出微妙的 R，然後再透過 3D 掃描器將該形狀掃描成資料，才是捷徑。

重點在於，要看清數位技術與手工技術的優點，並視情況來選擇最適合的方法。畢竟，只要最後能做出好產品就行了。

小林茂（資訊科學藝術研究所大學：IAMAS）

3D 設備是否能夠成為夥伴，全取決於構想

資訊科學藝術研究所大學（IAMAS）的 IAMAS 創新工房（f.Labo），是一個新社群，其據點是一個設置了 3D 列印機、雷射切割機等所謂的數位工具機的設施。不僅 IAMAS 的教職員與學生，包含校外人士在內的各行各業人士也會聚集在此，運用各自的技能來研究教育、通訊、環境等各種課題。該工房會舉辦研討會（workshop）、腦力激盪活動、特殊活動、展覽會、公開講座等。其中心人物就是本章要介紹的小林先生。

小林先生隸屬的單位是 IAMAS 的產業文化研究中心。由於從事「產學合作、社群交流活動」等工作的成員被分派到此處，所以 f.Labo 也是學校活動的一環。小林先生希望現今的日本產業能夠變得更加有趣，因此他在進行研究時，主要做的不是在桌上分析「該怎麼做才好」，而是採取「試著親自實踐吧！」這種態度。

「Make-a-thon」的努力

小林先生從 2013 年 6 月開始舉辦了好幾次研討會「自造馬拉松（Make-a-thon）」。這項活動是創造出許多點子的「創意馬拉

松（Ideathon）」與主要透過軟體來進行的「駭客馬拉松（Hackathon）」的先驅。其內容為，具備各種技能的各行各業人士會聚集在一起，企圖創造出某種新事物。

當初舉辦自造馬拉松時，在最後進行的發表會中，成員們皆完成了試作品。舉例來說，使用瓦楞紙板等，總之就是要將其組合在一起。就算參與研討會的人能夠想像得到該試作品是什麼樣的東西，但對於不在場的人來說，完全不知道那是什麼。該活動的層次就是那麼高。

後來，試作品的水準逐漸上昇。在自造馬拉松的參加者當中，出現了在鄉鎮小廠工作的人，這類平常會積極使用 3D-CAD 來進行工作的人一旦加入，完成後的試作品的品質自然就會變得特別高。最近，也出現了以「能夠使用 3D 列印機」為前提，事先將 3D-CAD 資料帶過來的人。試作品的製作時間也變短了。大家變得會重複進行「一邊觀察實物，一邊討論，然後思考改良方案，再次製作試作品」這種過程。

據說，由於 IAMAS 內原本就有設置 3D 列印機與雷射加工機等設備，所以參加者希望校方能開放這些數位工具機供人使用。不過，由於這些是校內的設施、設備，所以實際上還是很難提供校外人士使用。於是有人提出了一項建議：「在學校之外的其他地方，打造一個這樣的場所如何？」。

「來製作產品吧！」的活動也是個好例子

IAMAS 位於岐阜縣大垣市，在某次研討會中，曾進行過以「在大垣製作產品吧！」為目的的嘗試。在這種情況下，據說要特別留意團隊成員的組成。這是因為，要好好地從團隊中選出擔任製作人（producer）的人。假如該製作人順利地實現構想，讓產品能夠上市時，也要負責產品的管理，像是智慧財產權、風險等。雖然在這個意義上，與擔任製作人角色的企業互相競爭者不能加入團隊，但還是會盡量由各種不同的人來組成團隊。

這種研討會的第一屆是在 2013 年 9 月舉行。後來，又舉辦了好幾屆，也獲得了具體成果。舉例來說，像是「光枡 *」這項產品。由於枡會發光，所以叫做光枡。在 2014 年 1 月發表後，目前正在針對產品的販售進行具體研究。雖然還需要再稍微鑽研一下，不過現在已經做出了能夠透過「Bluetooth Low Energy」技術來和智慧型手機聯動，並變更發光方式的原型。

木枡中裝有 LED 的「光枡」
製作：大橋量器有限公司
設計師、攝影師：Sun Messe 股份有限公司
設計師：grasp at the air 公司
製作人、軟體研發：PASONA TECH 股份有限公司

＊譯註：「枡」是一種方形的度量容器

其實全國的枡，有約 8 成都是在大垣製作的。某個團隊成員是老字號枡專賣店的經營者。不過，這項產品的研發並不是因為那位枡商說「想辦法把枡做成產品吧！」才開始的。團隊成員中剛好有一個很愛喝酒的男性，在日本酒消費量逐漸下滑的情況下，他提出了「想要更加帥氣地喝酒啊！」這個想法。順著這個提案繼續討論時，那位男子自己將枡打了洞，並嵌入燈泡，「你們看，只要把酒倒入，就會發光不是嗎!?」這句話成為了商品研發的契機。

所有團隊成員們一開始都半信半疑的。不過，後來現場逐漸變成了「也許出乎意料地有搞頭喔！」這種氣氛，那位枡商也說「我知道了，那麼，試著做做看吧！」，於是大家正式開始進行枡的改造試驗。

這位枡商一開始就是團隊成員，而且想法似乎非常靈活。一般來說，製造業界的人只要來參加這類研討會，往往都會容易產生「希望能設法改善自己經營的事業」這類想法。不過，那位枡商給人的感覺相當低調，他是順著「總覺得很有趣，所以就來了」這種想法而來參加的，我覺得他應該也沒想到大家會使用枡來製作某種產品。

這正是創新，或者該說，藉由以新的方式將現有的要素結合起來，就能創造出過去沒有的新產品。在 1300 年的枡歷史當中，這種枡是前所未見的。如果透過「使用這種枡來喝酒」這種體驗來讓枡變得更高級的話，也許會有人想要感受這種附加價值。

據說，在製作試作品時，沒有使用 3D 列印機等數位設備，而是以手工的方式來雕刻木材。設計師會一邊粗略地透過實物來確認光線所營造的氣氛，一邊透過 3D-CG 來呈現出更加逼真的外觀。使用 CG 也能驗證各種不同發光方式。

產品研發的支援服務

f.Labo 也提供產品研發的支援服務。舉例來說，如果有人說「想要製作這樣的商品」時，就會幫忙挑選合適的設計師，並幫忙協調事情，讓該企劃能夠順利進行。這類工作原本是由其他單位負責的，後來在本章所介紹的 2013 年度研究中，成員們被合併到小林先生那裡。

舉例來說，有個「改良菜刀握感」的專案。成員們會透過 3D 列印機來試作菜刀的刀柄部分，驗證實際的握感。在沒有 3D 列印機的過去，進行一次試作就要花費相應的費用，所以大致上試作 2 或 3 次後，就會這樣說「嗯，差不多就這樣吧！」，讓事情告一段落。透過 3D 列印機，成員們變得能夠反覆嘗試，更進一步地追根究柢。

後來聽聞，他們實際使用了 3D Systems 公司的「Cube」。如果是 Cube 的話，雖說還是需要材料費，但是跟以前的

「f.Labo」的 3D 列印機

試作相比，只需相當低的費用，就能解決。請人透過 3D-CAD 來製作資料，然後使用 3D 列印機製作出模型，實際確認握感。如果裝上刀刃的話，也能得知刀子拿起來的感覺。如此一來，就能「那麼，再稍微粗一點比較好」、「稍微細一點比較好」像這樣地反覆嘗試。用以前的例子來說，若要準備 10 個單價 10 萬日圓的試作品，就要花費 100 萬日圓。

於是，基於預算上的考量，就不得不做出「先做 2 個或 3 個試作品吧！」的妥協，在時間上也會受到限制。若是使用 3D 列印機，就算同時製作 10 個，也只要幾千日圓就能搞定，當然也能視情況來增加數量。

其實，小林先生他們並不認為 3D 列印機，可以用來製作菜刀的原型。不過，試著實際透過 3D 列印機來製作試作品後，他們獲得了「哎呀，這樣就很不錯了喔！」這種評價。

本實例是原本參與「在商品研發支援服務中介紹 3D 列印機等器材，並讓人體驗的研討會」的成員所提出的課題。

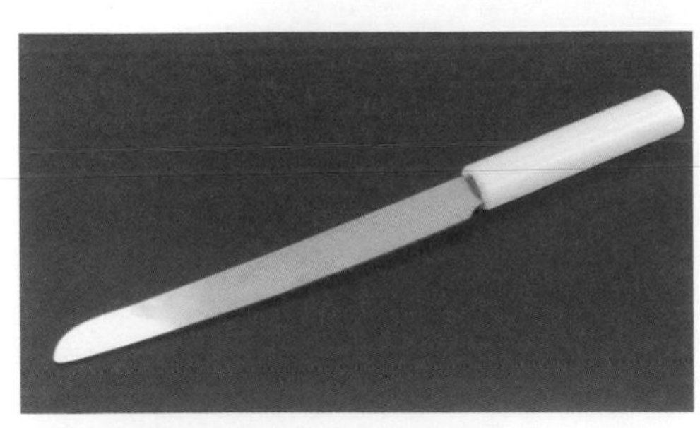

透過 3D 列印機製作出來的菜刀刀柄
志津刀具製作所有限公司

話雖如此，但並不是所有人都能想出 3D 數位設備的使用方式或活用法。舉例來說，在製作菜刀時，由於 3D 列印機實際上並無法列印出木材，所以當初人們認為，照這樣下去的話，最後無法用來製作產品。不過，由於透過 3D 列印機製作而成的模型，也能充分地評價形狀，於是大家想說「試著用這個來做做看吧！」，便開始動手。

不僅是 3D 列印機，在弄清楚「3D 數位設備在實際的業務之中，能夠發揮什麼作用」的這一點上，人們還有很多不了解的部分。雖然說都是 3D 列印機，但是高精準度的器材與 Cube 之類的個人用 3D 列印機所使用的材料不同，能夠達到的精準度與表面性狀 * 也不同。因為，至少要試著製作一次模型，才能夠得知實際上是否能藉由「用 Cube 做出來的試作品」來評價握感。

讓 3D 列印機成為夥伴

2013 年，「現代特寫」這個節目播出 3D 列印機的特輯時，小林先生也有在節目中亮相。許多看了該節目的人都邀請小林先生去演講。據說，小林先生的心情為「我明明不是 3D 列印機的專家」，不過在和各界人士互相交流的過程中，他發現到在製造業中有些人正開始進行新的嘗試。

例如，本業是「使用金屬模具來進行射出成型」的人說「我最近引進 3D 列印機了喔！」，並說明了設備的運用方式。根據那個人的情報，如果是以前的話，就算接到「想做 10 個或 100 個」的訂單，業者也會說出「數量太少了，我們無法做」這種話來拒絕客戶。實際上，依照客戶提出的價格，是划不來的，如果要製作金屬模具的話，費用會非常高。

＊譯註：表面的性質與狀態。

不過，這樣做其實只會錯失機會。只要在網路上搜尋，就會發現，在中國有「只要將 CAD 資料傳送過去，就算價格低，量又少，也願意製作」的成型工廠。「那麼，就委託那家公司吧！」客戶自然會那樣做。然而，如果該產品很暢銷，變得需要大量生產時，成型製造的訂單也會交給該中國廠商。聽說那位先生發現到，那樣不就只是不斷在錯失機會嗎？

那麼，該怎麼辦才好呢？舉例來說，只要變得能夠「如果是 10 個或 100 個的話，本公司會使用 3D 列印機來製作」這樣回答就行了。不過，由於是 3D 列印機，所以品質的標準等事項會與用金屬模具進行成型製造時不同。關於這部分，只要好好地說明，並讓客戶確認「那樣的品質是否足夠」就行了。

實際上，也有不少客戶會設定過高的品質。舉例來說，包含「如果是為了進行群眾募資而製作的試作品，這樣的品質就夠了」這類諮詢在內，想要藉由引進 3D 列印機來轉型的企業，不僅只有上述的成型工廠，而且數量似乎逐漸在增加中。

因為工作上的關係，有很多和金屬模具廠商交談的機會，不過「從明天開始，這能夠用在我們的工作上嗎？如果不是那樣的話，就與我們無關啊」這樣說完就回去的人也不少。不過，我也有感覺到，如果來了 50 家公司，大約會有 1 家公司的人說「其實我們公司最近開始做這種事了」，並非常注意地聽我說。

如果是以前，只能要在被人捨棄的地方，才能確實找到新商機。「所以是否有發現 3D 列印機能用於該處」這一點應該很重要吧？

即使是金屬模具廠商，只要能善用 3D 列印機，工作應該會變得比現在來得多。舉例來說，可以採取「根據產品種類，透過 3D 列印機來製作限度樣品，以減輕自己公司負擔的成本」這種使用方式。這種使用方式已經逐漸變得普遍，只要稍微想一下，就想得到。此時的重點在於，不要將「引進 3D 列印機」當成目的，而是要事先去思考「實際看到現在的工作情況，能夠如何使用 3D 列印機」。只要那樣做，自然就能明白自己公司適合何種性能的 3D 列印機，而且也能得知投資報酬率的大致基準。

在 3D 列印機成為熱潮的當時所提到的例子，確實可以說是「將過去用金屬模具製作的物品，直接改成用 3D 列印機來製作」。不過，基本上，那樣做是錯的。這是因為，「將樹脂倒入金屬模具中，使其成型」與「透過 3D 掃描器逐漸將樹脂堆疊起來」兩者是不同的。

相反地，「去挑戰靠以前的金屬成型技術所做不到的事情」這種想法是必要的。給人的印象就是，肯好好地評價 3D 製造技術的人，會持續不斷地開始動工；無法理解的人，不管到什麼時候都無法理解。因此，我覺得會產生相當大的差距。人們也很有可能會想出「視情況對 3D 列印而成的零件採用其他加工方法，進行最後潤飾」這種運用方式。

在這個意義上，參與 IAMAS 活動的成員們應該能夠逐漸地了解到「什麼是辦得到的、什麼是辦不到的」。在活動中，只要觀察其他人如何使用，就能直覺地了解到「啊！原來是這樣」。

透過 3D 列印機來製造小號的弱音器

在最近遇到的事情之中，最讓小林先生印象深刻的，是仙台的管樂器維修店「森田管樂器服務」的實際案例。據說這家店非常有名，技術也相當好，前來光顧的小號等管樂器的演奏者來自世界各地。

有一種零件叫做「小號的練習用弱音器」，該店正處於「遲遲研發不出令人滿意的產品」的狀況。在這種情況下，距離「森田管樂器服務」約 100 公尺內的地方，碰巧有一家叫做「FabLab 仙台」的店，該店設置了能夠使用 PLA（聚乳酸）來列印的個人用 3D 列印機「Replicator2」（美國 MakerBot 公司）。「森田管樂器服務」開始使用那台 3D 列印機來試作弱音器，經過數十次的反覆嘗試後，產品的品質逐漸改善，並在 2013 年底發售。而且，世界級的小號演奏家使用過後，也這樣說「這非常適合用來練習！」，給予好評價。

如果採用以前的想法，過程就會變成「一邊模擬各種形狀，一邊反覆進行嘗試，有了某種程度的頭緒之後，就製作金屬模型，進行試作」。在菜刀的實例中也有稍微提到，這是非常花錢的。然而，如果試作一次只需約 500 日圓的話，就能持續不斷地製作改良版，然後裝在小號上試著吹吹看，接著再次改良，再次吹吹看，製作者就能非常迅速地反覆進行嘗試。在這個過程中，能夠實際做出好產品。加上產品實際發售後，庫存量也是零。接到訂單後，只要透過3D 列印機來生產即可。

我也一直有在吹長號，知道弱音器的形狀並沒有那麼複雜。儘管如此，只要形狀稍微出現差異，就會變得非常難吹，抑或是讓消音性能變得更好。再加上，比較貴的產品要價高達 1 萬日圓。3D 列印機製造的弱音器比較便宜，約為 4200 日圓起，在價格上非常有競爭力。

經常有人說，若使用 3D 列印機的話，就會產生「尺寸精準度不足」、「表面出現積層製造痕跡」等缺點。不過，積層製造痕跡也能讓產品變得更好拿。進行 3D 列印時，層高（積層厚度）大概約為 0.3mm，以弱音器來說，這樣就夠了。

其實，每個樂器的尺寸都有相當大的差異。由於最後要進行「用手拍打，讓樂器延展」的步驟，所以嚴格來說，形狀不會相同。因此，弱音器的尺寸就算差 0.1mm，也不會造成任何問題。我認為「使用 3D 列印機來製作樂器相關零件」的實例有掌握到重點，讓我感到很佩服。

最近，我聽到有人說，用 3D 列印機來製作產品還是太勉強了。尤其是無法進行大量生產。不過，在某種意義上，樂器相關市場也許是利基市場，我認為是有商機的。譬如，只要去思考「全日本有多少人在吹這種樂器」，就會得知人數相當多。另一方面，由於這並不是「花費 1000 萬日圓來製作金屬模具」那種事，所以風險並沒有那麼大。

得知此實例後，小林先生興致勃勃地說「我也漸漸變得想玩了」。「加入自己的標誌」這種個人化服務也是 3D 列印技術的擅長領域。實際上，據說在小號的弱音器方面，製作者在列印途中會更換絲狀樹脂，讓產品帶有三種顏色，並推出了限定款。如果是能夠製作彩色樹脂零件的 3D 列印機，似乎更能發揮玩心。

運用 3D 掃描器來製作自助器具

在「運用 3D 掃描器」這一點上，我認為小林先生今後想要再多花一點心力的是社福領域。

舉例來說，有一項產品叫做「輪椅專用背部靠墊」。據說，正

不僅是研發階段，運用 3D 列印機製成的小號專用弱音器也能用於製作產品。

常請人訂做的話，要花費約數十萬日圓。我很期待，如果透過 3D 掃描器，來測量使用者的背部表面與骨骼的大致形狀，並且根據該資料來製作的話，是否能製作出相當低價的產品呢？如果能夠實現低價化的話，情況就會從「目前只有一部分的人能使用」變成「即使是輕度肢體障礙的人，也能使用」。自然會有更多人能過著舒適的生活。

小林先生關注此領域的理由之一在於，障礙者的多樣性。哪裡出現了障礙，程度為何，都是因人而異的。

此外，還有另外一種觀點的想法。現在，有許多企業認為醫療與社福市場將來會擴大，於是開始投入這些領域。不過，那僅止於「針對那些人來製作某種產品」。小林先生的想法並非如此，他認為大家應該關注的是「過去沒有被視為勞動力的那些人，其實是有工作能力的」這一點才對。這是因為，這對他們本人來說是非常好的事，若這能成為一門生意的話，對整個社會來說也是非常好的事。我認為，這就像是「ICT 等數位工具機持續地在開創新領域」那樣。

我所認真地在考慮的是，關於表面裝飾技術當中的數位紋理加工技術「D3 Texture®」，在某些部分，應該可以請視障者協助研發與檢查吧！我很期待，在 3D 列印機方面，應該能夠與「有在從事高齡者的使用者經驗調查的團體」進行某種合作吧！讓高齡者們提出各種意見。由於他們的手會發抖，所以應該會出現很多「想要自己專用的湯匙或自助器具」這類需求。

目前也正在考慮要借用小林先生的力量，試著舉辦研討會，並進行調查。

從社會的角度來看，我認為在各方面都應該更進一步地發揮高齡者的能力。由於有許多事只有當事人才知道，所以只要和那些人一起進行調查，就能獲益良多，發現許多實際的問題。

從「發揮個性」這一點來說，最近在這點的看法上產生了很大的變化。大約在 2 年前，我們實驗性地邀請外界人士，來參加由本公司所舉辦的「創意構思」研討會。當時，有一位參加者是福利機構的經營者。

那位經營者告訴我們，待在福利機構的人，現在所關心的是什麼。「我的理解為，他們希望社會大衆能更加包容多元文化」。這一點就是文章一開始所說的。藉由使用 3D 掃描器與 3D 列印機，應該能夠因應這類需求吧！

據說，IAMAS 內曾有一位對自助器具非常感興趣的學生，也進行過自助器具的研發。他製作的是，專門為半身不遂者所設計的指甲剪。這是因為，雖然身障者是請母親幫他剪，但本人其實還是想要自己剪。

我有想過，適合那種人的指甲剪會是什麼樣的產品呢？雖然市面上已經有各家廠商推出的產品，但幾乎沒得挑選。另一方面，只要前往家電量販店，就能看到種類繁多的智慧型手機保護殼。「為什麼那種產品的種類那麼多，而實際上有需求的產品選擇性卻很少。」會這樣想也是很自然的對吧！

為了設計出最適合身障朋友使用的指甲剪，那位學生決定使用 3D 列印機來製作。雖然不如市售產品那麼堅固，不過反過來說，隨著復健的成果，力量會逐漸恢復，所以或許每隔一週或一個月，就使用不同的產品會比較好。

知道產品是如何損壞的後，只要再製作就行了。如果產品必須具備 10 年的使用年限，產品就會變得非常昂貴，誰都買不起。不過，只要使用 3D 列印機，即使只有 100 日圓成本，也足以做出產品對吧！如果僅僅抱持著「想對社會有所貢獻」的想法，現實有可能很難繼續做下去。不過，我以為如果覺得「這也許能夠創造出某種新市場」的話，應該就能繼續做下去。

收集人體資料

在今後，將所有的人體特徵做成資料庫，將關於「舒適度」、「便利性」等感性的資料彙整起來，會變得很重要。

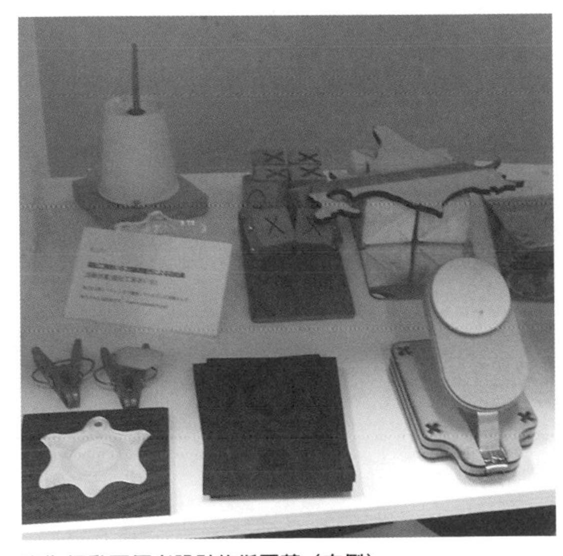

專為行動不便者設計的指甲剪（右側）

當然，即使是現在，在鞋子等產品的市場中，已經開始逐漸能夠因應多樣化的需求了。我個人感興趣的是，入耳式耳機。雖然基本上有 S、M、L 三種尺寸，但就算有三種，也都不適合我。事實上，只有一成的人覺得很合適，其餘九成的人，大概現在都正在忍耐吧！

如果有能夠輕易掃描耳朵形狀的方法，以及能搭配此方法來列印產品的 3D 列印機，應該就能製造出滿意度非常高的耳機。在助聽器市場，已經有人在提供相當徹底的客製化服務，不過我心中想的是，要以非常低廉的價格來提供這種服務。

今後，「這種關於人體的繁雜資料要由誰來管理」這一點似乎會成為一項很重要的課題。這與其說是個人資料，倒不如說是身體資料。我認為身體資料的運用範圍非常廣，很有價值。

K's DESIGN LAB 已擁有透過人體掃描器測量到的數百人資料。廣告與電視界的人向我們提出了請求，希望能將這些資料當成所謂的「CG 臨時演員」來使用。對於前來使用掃描服務的人，我們會附上關於「您願意將資料登記為 CG 臨時演員嗎?如果有人想要使用資料，可以聯絡您嗎?」的同意書。大部分的人都會同意。

Digital Fashion 公司和 K's DESIGN LAB 曾一起合作，在大阪的阪急百貨梅田店舉辦活動。該契約的內容為，K's DESIGN LAB 將客人的身體進行 3D 掃描後，阪急百貨只能將資料用於「在每個季節依照該人體資料來向客人推薦服飾等」這項用途。該服務會主動地在畫面上顯示要推薦給顧客的服飾等。對於阪急百貨來說，重要的並不是 3D 掃描器與 3D 列印機，這些 3D 設備的定位始終都是用來「向顧客推薦個人化商品」的工具之一。

除了服飾以外，例如像是枕頭等，應該也有各種個人化需求吧！我認為許多人有睡眠困擾，那麼就算說到「什麼樣的枕頭才是好的」，也沒有「對任何人來說都是好的」這種判斷標準，所以必須提供個人化服務，尋找適合每個顧客的枕頭形狀。不僅是外觀，骨骼等身體內部結構、平常的生活型態等資料應該也是有用的，在關於基本生活的部分，似乎還有很多商機。

或許我們將來會進入「每年進行一次健康檢查時，會同時接受身體掃描」的時代。「某個機構會負責管理那些資料，需要某些資料時，就付費索取資料，任何物品都能客製化」這種時代是可能會實現的。

井上加代子（Little Lab）

成為與許多人之間的溝通橋樑

井上女士目前在高知市經營一家提供 3D 相關服務的店家「Little Lab」。從工業高中的資訊技術科畢業後，她投入製造業（加工公司），有過操作 3D-CAD 的經驗。雖然擁有這樣的經歷，但身為主婦的她，現在是以個人身分在進行活動。

購買個人用 3D 列印機的主婦

認識井上女士的契機是，她買了從 2013 年 8 月開始發售的個人用 3D 列印機「Cube」（美國 3D Systems 公司）。算是相當元老級的使用者。本公司的員工告訴我「有一位類似主婦的顧客買了喔！」，讓我留下印象。其實，由於當時那位主婦連續來購買了好幾次 Cube，所以才會想說「這是怎麼回事呢？」。

讓我特別感興趣的是，「她是如何製作 3D 資料的？」這一點。只要看了井上女士在 Facebook 上發表的文章，就能窺見「她自己製作 3D 資料，並透過 3D 列印機來製作模型的情況」。

當時，我個人也開始使用個人用 3D 列印機。主要的目的是，迅速地製作兒童用品與玩具等，所以我看到兒童的鑰匙圈、裝在包包上的金屬板等井上女士的作品後，覺得我們的用法很類似。

不過，因為自己本身工作上需要的關係，所以很熟悉 3D-CAD 等建模工具的操作。而另一方面，對於「身為主婦的井上女士是如何製作 3D 資料的呢？」這一點感到十分的不可思議，於是，便向她詢問了此事。然後，得知她有在使用 3D-CAD，並再次了解到「事實上在日本，會使用 3D-CAD 的主婦也許很多」這一點。

其實她曾在製造業界學習過 3D 建模

井上女士之所以會開始在自宅內使用 3D-CAD，跟工作有關。至今仍在員工人數約 20 人左右的加工公司上班，不過她並不是一開始就有在使用 3D-CAD，而是一邊協助事務與業務工作，一邊找空檔學習 CAD 的操作。依照推測，在公司內她的電腦技術應該是最強的。

井上女士第一次使用 CAD 要追溯到十幾年前。當初，由於看不懂機械設計圖，於是特意來到加工現場，請施工人員幫她看設計圖。據說，雖然努力畫出來的設計圖，曾遭受過「這樣，無法進行加工」這類批評，但她還是能夠一步一步地提升自己的技術。

後來，隨著公司引進了 3D-CAD「ThinkDesign」，井上女士也開始負責 3D-CAD 的操作工作。這類技術畢竟無法自學，所以到高知縣的工業技術中心學習。

她還記得，第一次使用 3D-CAD 時，發現只要讓畫面之中的 3D 模型轉動，就能改變可以看到的方向，也能看到模型的背面，讓她感到非常驚訝。

引進 3D-CAD 後，她在公司內首先要處理的是，透過平面設計圖來製作 3D-CAD 資料的工作。後來，她也負責過「透過綜合加工機（machining center）來加工的零件」、「葉輪的葉片」等使用 3D-CAD 才做得出來的曲面形狀的建模工作。

在工作中那樣地使用 3D-CAD 的過程中，她自己變得愈來愈嚮往「使用自由曲面來設計 3D 模型」。在公司內，雖然井上女士要進行「修改客戶送過來的資料，進行反向工程」這類工作，但她當然不能依照自己的喜好來進行建模。

因此，她當然會想說，自己買一套 3D-CAD 軟體，在家自由地建模吧！話雖如此，在公司所用的營業用 3D-CAD 軟體，對個人來說太貴了。於是，她在網路調查的過程中，找到了價格適中的 3D-CAD 軟體。之後就打造了一個能在家中，自由地建模的環境。

「Little Lab」以前的店內情況

引進 3D 列印機

井上女士將 3D 列印機引進公司是在 7 ～ 8 年前。該機種是美國 Stratasys 公司的「Prodigy」，這種 3D 列印機採用的是，「一邊將熱塑性樹脂融化，一邊從可動式噴嘴中持續擠出樹脂」的列印方式。

第一次使用這台 3D 列印機製作模型時，對於是否能製作出立體模型，她真的感到既興奮又緊張，而且一直緊盯著機器，觀看模型的製作過程。聽她談起，當取出模型時，對於「自己用 3D-CAD 製作的資料真的變成了實物」這件事，她非常感動地說「這真是厲害呀！」。

井上女士用 3D 列印機製作的立體模型

雖然從以前就知道 3D 列印機的存在，但親眼目睹其實力後，不僅非常感動，也感受到了「使用此設備，就能創造各種新事物」這種可能性。也就是說，雖然還沒具體決定要做什麼，但當時她已經感受到 3D 列印機的巨大可能性。

我跟我兒子約好，除了公司以外，在家中也裝設 3D 列印機，而且每週都會使用這個設備來列印一次模型。不過，我加上了一項條件，該條件的內容為「我會檢查兒子所製作的資料，判斷是否值得列印，只有當兒子製作出值得列印的資料時，我才會讓他列印」。

試著使用製作好的 3D 資料來進行列印後，讓他體會 3D 資料與實際列印出來的模型之間的差異。舉例來說，即使製作出能和樂高積木組合的模型，也可能會因為「列印失誤、收縮」等因素而導致形狀不吻合。於是，他自然就會在現實受挫中學習。

機械與人的關係

井上女士原本是在 Facebook 上搜尋關於 3D 相關關鍵字的過程中，認識了 K's DESIGN LAB 這家公司。她的第一印象是「應該是很有趣的公司吧！」。

她特別對「數位與傳統的融合」這句本公司的宣傳詞，感到有共鳴。井上女士覺得在製造業中，NC 工具機與 CAD/CAM 等變得普及，設備的數位化也有很大進展，另一方面，有些部分還是要仰賴傳統的手工技術，這正是因為同時具備這兩者，所以才能做出很棒的產品。

井上女士所任職的公司正是那種傳統的世界，六十幾歲的工匠會營造出「看著學吧！」這種氣氛。不過近年來，那樣的人逐漸變少了，在四國地區，也有人在推動著「難道不能將技術訣竅數位化嗎?」這種計畫。她同時也參與了那項計畫。

另一方面，即使在加工公司內，現在「收下顧客的 3D-CAD 資料，然後在公司內製作 CAD/CAM 資料，透過綜合加工機來進行加工」這種做法也逐漸變得很普遍。不過，有時候，在某處如果不加上「技術熟練的工匠所累積下來的傳統技術訣竅」，就無法順利進行加工。這正是數位與傳統的融合。

其實，「透過傳統與數位的融合來改變世界」這句宣傳詞，是我在反省過去時所產生的概念。遠在 17 年前，當我在研發、販售 CAD/CAM 軟體時，產生了「無論如何都想要把使用者限制在軟體的框架內」這種想法。包含這種反省在內，現在進行活動時，都會把這句話當成使命。

設置在「Little Lab」的 3D 建模工具

只要製作中小企業的網站，就會發現「網站上只羅列了設備規格」。有時候顧客會覺得「因為有這種機器，所以能進行這種加工」，就下訂了，但我們不能光靠設備規格來判斷。

舉例來說，即使是三軸控制的工具機，只要多下一些工夫，還是能對相當複雜的形狀進行加工。相反地，就算擁有高性能的設備，輸出的品質還是會取決於使用方式。

即使擁有工具，但是否能夠發揮作用，還是取決於使用者。我們必須巧妙地結合設備的性能與人類的智慧。不是「無法使用」，而是「只要這樣做，就能使用」。我認為，親自去找出這一點應該是非常重要的吧！

「傳統」有一種很接近人類的印象。至今為止，有些人透過工匠的本領，累積了各種技術，正是因為有這些人，所以我們才能創造出超越機械性能的東西不是嗎？

井上女士原本就抱持著這種想法，但卻對 3D 列印機很感興趣。這種情況也許相當罕見。3D 列印機給人的印象可能是，「只要有資料，任何人都能製作無數個相同的東西，即使不靠人力，也能做出東西」，但實際上並非如此。

「Little Lab」是個能讓人輕鬆聚會的社群

2014 年 5 月，「Little Lab」在高知市內開幕了。其目標為，打造出一個讓當地各行各業的人都能輕鬆靠近的空間。聽聞，井上女士認為，雖然只是個人等級的嘗試，但她在此處設置了 3D-CAD 與 3D 列印機，希望此處能成為「讓許多人聚集在一起，思考如何運用這些工具」這樣的社群空間。

透過「使用 3D-CAD 來進行建模，然後透過 3D 列印機來輸出模型」這種實際的體驗，持續地將技術推廣給許多人。

最近，有愈來愈多製造業開始提供「開放工廠供人參觀」這種新服務，不過，無論是好是壞，這都是製造業的想法。這對於專家以及幾乎可說是專家等級的業餘自造者們來說，應該是個非常可貴的場所，但對於一般人來說，應該會覺得「門檻很高，難以靠近」吧！在這個意義上，我希望像「Little Lab」這樣的社群或場所能持續不斷地增加。

K's DESIGN LAB 最近也開始舉辦了名為「3D 道場」的一系列研討會。其概念為「不要被工具使用！要去熟練使用工具！」。從活躍於各業界最前線的專家們身上學習到，有助於熟練使用 3D 列印機或 3D 建模工具等數位工具的訣竅。我覺得，如果能和「Little Lab」在「幹部與員工的培養、應用服務」等方面進行某種合作，真的是太好了。

其實，「Little Lab」的面前，也就是隔著一條路的對面，有一間國中。井上女士的想法為，一開始就算只是來玩也無妨，希望國中生等客人能夠輕鬆地來店裡逛逛。

最近，使用補助金來引進 3D 數位工具的學校也變多了。雖然這對於本公司來說是個商機，但我個人有時候會覺得「學校引進設備後，就算不強迫學生們使用也沒關係吧！」。學生們主動地，參加「Little Lab」，由志向很高的人所打造的社區空間遊玩或學習，應該是最理想的狀態吧！

在最近這股自造者熱潮中，我常聽到「大家都能製作物品的時代」這句話，不過我認為，實際上並不是所有人都想要製作物品。例如，有些人雖然喜歡料理，但卻是專門負責品嚐。「製作物品」這件事應該也有類似的一面。對於「潛在地認為自己真的想要製作物品」的人，那種能夠激發其潛力的空間才是必要的吧！

從這個意義上來看，我認為「如果校方規定所有人都一律要學的話，有些人一定會感到抗拒」，所以校方在引進設備時，重點在於，要先慎重地提昇品質後再引進。這是因為，我認為對 3D 技術的未來發展來說，「讓年輕世代接觸這類東西時，要讓他們覺得那是遊戲的延伸，使其愉快地主動去接觸」這種做法才是有用的。

盛大熱烈的展示會

2013 年 11 月，井上女士有機會以 Little Lab 的身分參加集結了高知縣製造業人士的展示會。由於剛好有一組取消了，所以她接受了主辦單位的邀請。

話雖如此，Little Lab 只有井上女士一人。她將一台 3D 列印機「Cube」、一台切削加工機「iModela」、筆記型電腦帶到 3×3m 大的攤位上。她一開始是打算在最後一天（週六），舉辦一個關於 3D 列印機運用的研討會。不過，由於來參觀的民眾非常多，所以她變得沒空做那種事。

其實，在最後一天的前一天，電視上播出了名為「科調所的女法研（科搜研の女）」的電視劇，劇中出現了 3D 列印機。聽說，其實本公司的客戶「八十島 Proceed 公司」有協助這部電視劇的拍攝。曾協助過我的該公司職員，也在劇中擔任臨時演員。

那麼，由於 3D 列印機在電視劇中演出（？），所以看了電視劇的主婦們、以及已經有孫子的老爺爺和老奶奶，還有學生族群等許多一般民眾，都來到展示會中的 Little Lab 攤位。最後的情況並不是井上女士主動地向他們說明 3D 列印機的性能，而是參觀民眾主動地積極對她說「原來可以做到這種事啊！」、「可以這樣用，真是厲害啊！」。

井上女士說，在高知這個鄉下地方，只要是因為讀大學而離開本縣，大部分的孩子都會留在縣外工作。雖然是否要回來是孩子的自由，但她還是希望能盡早讓孩子們看到並了解這種技術。而且，她也很希望這種技術能夠運用在高知縣內。FabCafe 在澀谷開幕時，很早就得知此事的井上女士心想「想要過去看看」。不過，既然地點在東京的話，想要立刻過去是很難的。她想說，要是高知也有 FabCafe 這種場所就好了。

即使網路如此普及，資訊變得唾手可得，但我認為，是否有親自體驗過，還是有很大的差異。希望像 FabCafe 那樣能夠體驗自造者運動的場所，能夠持續不斷地增加，也希望鄉下地方，有更多這類能夠讓人體驗的場所。

成為自造者運動的橋樑

讓我感到非常期待的是，像井上女士這類女性的意見。在男性佔絕大多數的製造業中，如果只待在那種社群中的話，思考模式會僵化。志同道合的人聚在一起時，討論一下子就結束了。如果只是這樣做的話，不僅是 3D 列印機，也很難推廣好不容易才發展起來的自造者運動。以主婦為首的女性，應該會擁有與男性不同的社群交流管道對吧！

我期待，藉由傳播這些人的想法，能讓新的創意誕生。在協助山田電機販售 3D 列印機的過程中，我親眼看到 60 幾歲的高齡者買了產品，並感受到，「將產品推廣到傳統製造業以外的社群中」這一點很有趣。藉由讓各種不同世代・性別的人使用，各自發揮創意，非常有助於自造者運動的發展。

我經常會提到「在製造業內，許多從相當久以前就開始使用 3D 列印機等設備的人，會對新手擺老，進行各種批評」這件事。我認為「不要擺老，與人溝通時，要接納各種使用方式」是很重要的。尤其是對於日本現今的製造業來說，應該有必要巧妙地採用「來自各行各業、男女老少等各種觀點的創意」吧！

特別是，由於井上女士也在製造業工作，所以她了解兩邊的情況。不能只是沉湎在製造業中，如果能再稍微廣泛地與「前來參觀剛才所提到的展示會的民眾」交流就好了。

不管怎樣，製造業的大叔給人的感覺都是，不知變通，喜歡將自己的想法強加於人。當然，由於在數位與傳統的融合中，他們是具備重要知識的傳統方代表，所以他們的存在非常重要。

倒不如說，在自造者熱潮中，現今這些製造業大叔們，是日本珍貴的專家，也就是所謂能夠成為師傅的人。這些人如果不再多退讓一步的話，就無法完全消除雙方的隔閡。根據目前的現狀，自造者們會仰賴國外的資源，也就是所謂「獨自解決問題的人」，只要品質達到某種程度，就會感到滿足。這樣的話，太可惜了。

如果雙方能夠順利地交換意見，自造者們就能製作出更好的產品。而且，這樣做也許就能讓日本企業獲得工作。

日本的製造業在產品製作階段的實現能力與執行能力，終究還是相當強的。在這個部分，覺得如果能巧妙地融合不同領域的人的創意與構想那就好了。

今後也考慮要引進 3D 掃描器

聽聞，Little Lab 今後也考慮要引進 3D 掃描器。由於高精準度的設備價格昂貴，使用方法也比較困難，所以會挑選的初學者，也能立刻學會如何使用的機種。我個人認為，美國 3D Systems 公司的手持型掃描器「Sense」等應該會是不錯的選擇。雖然精準度不怎麼高，但對於「掃描身邊的物品，然後透過 3D 列印機來製作模型」這種用法來說，已經足夠。價格為 5 萬多日圓，合理的價位也是其魅力所在。

這種「將實物掃描成虛擬資料」的工作，跟「使用 3D 列印機來製作模型」一樣，也可能更能使孩子產生興趣。對於孩子，「將自己掃描到的資料放入電腦中，以 3D 資料的形式在螢幕上呈現，而且還能自由地變更其外觀」會是一種愉快的經驗。

加上，還能使用 3D 列印機將其列印成模型，所以井上女士也想要舉辦一個關於「實物與資料的互相轉換」的研討會。在「創造新世代，也就是所謂的『數位原生（digital native）』世代」這個意義上，我覺得盡量加入一連串能夠體驗過程的內容會比較好。

我不建議將高階設備使用在這種研討會中。這道理和遊樂園的卡丁車一樣，就算沒有汽車駕照，也能開卡丁車。只要先讓孩子們透過卡丁車來了解操作油門、方向盤、煞車，也就是「移動、轉彎、停止」的原理和樂趣，之後再慢慢進步即可。

我們應該要增加更多「能讓人接觸到這個世界的入口」。必須有人去做「不要想得太複雜，而是要讓更多人進入這個世界」這件事，所以在這個部分，我真的對井上女士抱有很大期待。

chapter

4

3D列印與網路的結合

由於 IT 與網際網路的進步，社會上出現各種以前想像不到的服務。本章中將會介紹，大幅影響製造業的最新趨勢。

各種服務的登場

「透過 3D 掃描器將實物掃描成虛擬資料」以及「變得比較容易透過 3D 列印機來製作實物模型」這兩點大幅加速了，以網際網路（Internet）為首的網路運用的發展。運用這些數位設備的網路服務也正在增加中。在本章中，我們想要介紹，關於第 4 章所提到的 3D 列印機與 3D 掃描器的各種網路服務。

從模型製作服務到電子交易市集

3D 列印技術與網路持續地結合後，從事關於 3D 列印機的各種服務的公司（網站）開始出現。這種模型製作服務（3D 列印服務）的基本內容為，使用者透過網站將 3D 資料上傳，然後業者使用 3D 列印機幫客戶製作立體模型，並寄給客戶。以這項服務為主，有些網站開始加入「電子交易市集、3D 資料共享、3D 建模」等功能。

這一些有為大家提供 3D 列印服務的公司，其中不但包含了美國的「Shapeways」、「Cubify」、「Thingiverse」、比利時的「i.materialise」等國外網站，也包含了接二連三地在日本國內成立網站的，像是「DMM.make」、「Interculture」、「RINKAKU」等。Shapeways 是獨立公司所經營的網站，Cubify 由 3D Systems

公司所經營，Thingiverse由Makerbot這家3D列印機廠商所經營，i.materialise則是由名為「Materialise」的3D軟體供應商所經營。

以個人觀點來說，我認為Shapeways雖然價格便宜，但交貨期很長。根據我的想像，交貨期很長是因為，該公司在世界各國都有合作的造型師，為了製作出世界級的最佳品質，所以要調整列印時程表。

i.materialise的強項是後製加工處理的豐富度與細膩度。最近，其日文版的網站也開張了，讓人覺得很親切。雖然現階段，3D列印工作本身是在比利時進行，不過今後如果能夠在日本直接列印，也許會運用到日本製造商的加工技術也說不定。

再者，不只是3D列印，人們也變得能夠在網路上設立名為電子交易市集的個人商店。這項服務的內容為，設計師或個人將3D資料上傳後，如果有人看到該資料，就能在網路上購買使用3D列印機製作而成的產品。

我認為，這一種商業模式，可以從兩個方面來觀察。

首先，這對消費者有益處。這是因為，即使不會製作3D資料，也能取得使用3D列印機製作而成的產品。

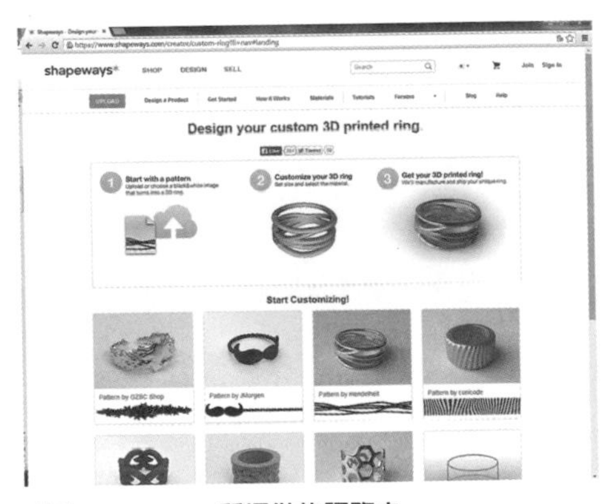

「Shapeways」所提供的服務之一
販售使用3D列印機製作而成的戒指。戒指的形狀可以自訂。

在這個意義上，並不只是在陳列商品，資料本身也已經開始流通，只不過有免費與付費的差異。

再者，運用網路製作 3D 資料的應用軟體，也持續不斷地增加中。在 3D Systems 公司的 Cubify 網站上，已經公開了各種軟體，使用者能夠輕易地製作 3D 資料。如同「Autodesk 123D Catch」那樣，只要上傳照片資料，就能製作 3D 模型的雲端服務也登場了。

相反地，對於販售者來說，這種機制有什麼好處呢？首先，不需要工廠，也沒有庫存壓力。

在第 2 章中，我曾介紹過「企業開始公開 3D 資料」這件事。這項嘗試的內容為，企業將選購組件或維修零件的資料公開，讓使用者透過 3D 列印機來製作零組件。在這種情況下，用戶可以使用自己擁有的 3D 列印機來製作，也可以利用 Shapeways 之類的 3D 列印服務。

而對於企業來說，如果這一種嘗試是有助於提昇商品的附加價值的話，今後也許會有更多的企業願意將維修零件的 3D 資料公開。

在第 3 章之中，我們介紹了 TOKYO MAKER 的毛利先生的實例，毛利先生透過 3D 列印機，製作出已經無法取得的老車維修零件。在這種情況下，也可能會有愈來愈多使用者，採用「使用 3D 掃描器來將現有的零件形狀掃描成資料，再透過 3D 列印機來列印」這一種做法。

自己在列印模型時，該零件的堅固程度與耐用性，當然必須自己負責。其實，關於這部分的產品責任，應該也可以說是今後的課題吧！

與侵犯智慧財產權不同，在另外一個意義上，「管制使用 3D 列印機製作現有零件」這一點也許會成為現實。關於已公開資料的智慧財產權，根據新聞報導，大日本印刷（DNP）公司已經研發出一套軟體，可以用來防止人們「製作第 2 章的 Case7 中所介紹過的危險物品」與「違法複製產品」。

該軟體採用的方法為，在 3D 資料（多邊形資料）的階段，將「要輸入到 3D 列印機中的資料」與「事先累積下來的黑名單資料」進行比對，以檢測出不應該列印的資料。當軟體檢測出問題資料時，會強制地讓 3D 列印機停止運作。

並不是什麼資料都能列印

各家企業所提供的服務都有各自的特色。舉例來說，像是資料的採納方式。

一般人製作的 3D 資料，未必能夠使用 3D 列印機進行列印。例如厚度太薄、孔太小等情況，不同機種的 3D 列印機也有不同的限制。另外，「STL 資料本身不完整（有空隙）」這種情況實際上也很常出現。

即使企業願意收下不符合規定的資料，3D 列印機在運作時，很有可能會發生錯誤，就算設備能夠運作，列印失敗的風險還是很高。雖然只要修改資料即可，但修改方式會隨著使用者的要求而產

朝日飲料公司在 2014 年 4 月 30 日成立了特設網站「綠洲銅像工廠」
只要將自己的臉部照片上傳，就能製作 3D 資料。使用者可選擇各種職業的銅像，並自訂臉部部分。

生差異，這項工作所耗費的勞力也會影響營運成本。

到目前為止，製造業進行了許多研究，設計資料已經 3D 資料化，大家可以透過電腦上的模擬成果來進行各種討論，3D 資料的運用也有助於提昇製造效率。

將個人的創意化為商品「Quirky」

最後，來介紹一下「Quirky」這家公司吧！這是由設計師集團所打造的新體制，我們可以說，正因為有 3D 列印機，這種體制才能實現。在第 2 章的 Case1 中，研發出應用了自然紋理（D3 Texture®）的 iPhone 保護殼的 Trinity 公司，成為了 Quirky 的日本總代理。

Quirky 正可以說是新型態的製造業。該公司是一個使用者參與型的創意商品社群，從設計到製造、販售都很有系統。該公司採用了最近很流行的群衆募資（Crowdfunding）機制，並採用「銷售分紅」這種嶄新的手法。由於該公司製作出非常獨特的產品，所以應該有很多人都聽過「Quirky」這個牌子吧！

「這世上充滿了創意」

班・考夫曼（Ben Kaufman）先生是 Quirky 的創辦人兼社長，他在 18 歲時創立了名為「Mophie」的公司。該公司研發出內建電池的 iPhone 專用保護殼等產品，考夫曼後來賣掉公司，將獲得的資金當做資本，在 2009 年 6 月成立了 Quirky。

Quirky 的宣傳詞是「We Make Invention Accessible」（讓任何人都能輕易參與發明！）。

雖然有點子，但想要將點子化為實際商品，在市面上販售時，會遇到好幾項障礙。具體來說，像是「資金」、「設計」、「行銷」、「工程技術」、「製造工廠」、「宣傳」、「物流」、「販售」、「流通管道」及「支援服務」。事實上，班先生是在自己的體驗中感受到這種困難的。另外，他也表示「這世上充滿了各種創意」。

目前 Quirky 的網站（Quirky.com）已經有幾十萬名會員。只要成為會員，任何人都能提出點子。遺憾的是，現階段網站只有英文介面，提案時可以只用

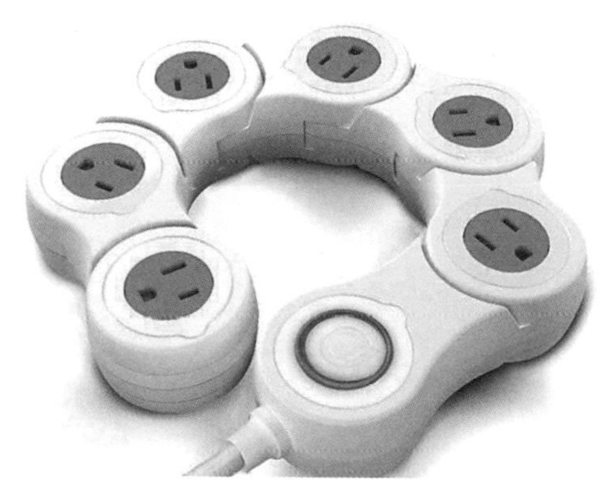

Quirky 所研發的代表性產品「Quirky Pivot Power」

由於能夠變更插座方向，所以可以防止插頭彼此互相干擾。

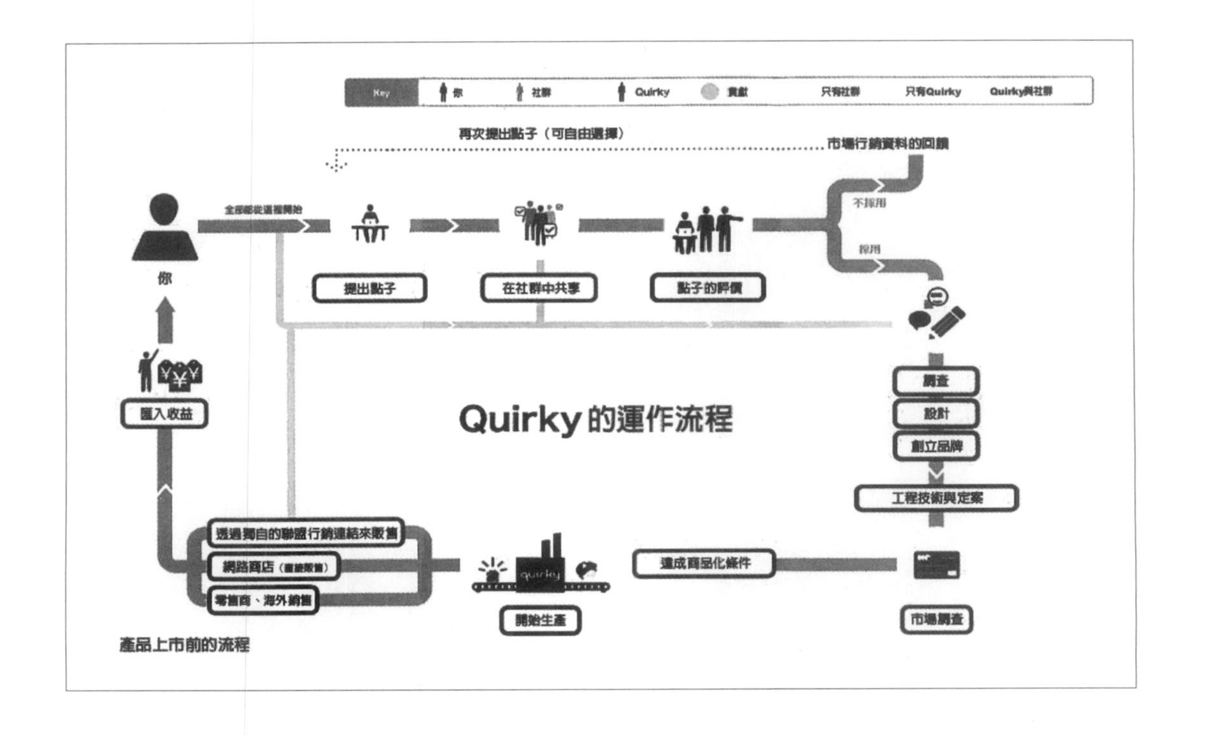
Key
你
社群
Quirky
貢獻
只有社群
只有Quirky
Quirky與社群
再次提出點子（可自由選擇）
市場行銷資料的回饋
全部都從這裡開始
你
提出點子
在社群中共享
點子的評價
不採用
採用
調查
設計
創立品牌
工程技術與定案
Quirky的運作流程
匯入收益
透過獨自的聯盟行銷連結來販售
網路商店（直接販售）
零售商、海外銷售
開始生產
達成商品化條件
市場調查
產品上市前的流程

文字，也可以畫概念圖。不過，每次提案需要支付 10 美金，這樣做是希望會員能帶著某種程度的覺悟，認真提案。也可以支付 100 美金成為提案次數不受限的年費會員。

像這樣，會員所提出的點子會讓所有會員共享，並接受評論。最後，網站會公布在某段期間內獲得高度評價的前十名。Quirky 的成員會針對這 10 個點子進行「現有專利」等事項的調查，選出 2 個。

在最終評選中留下來的點子，會進入「正式產品開發的過程」。持續地決定具體的設計、名稱、包裝等事項。此過程也會在網站上公開，會員能夠自由發表意見。

依照貢獻值來分配收益

點子決定後，接下來就會轉向，以 Quirky 的成員為主的工業設計與工程技術的階段。設計具體的形狀，製作樣品。此過程基本上會在 Quirky 的辦公室內進行，該處設置了以 3D 列印機為首的最新數位設備，是一個能在短期內，以較低的成本來製作產品的環境。

樣品完成後，接著就要進行市場調查。為了讓產品進入實際生產階段，此時會事先設定一個必須達到的訂單數量。由於這是許多會員共同研發的產品，所以不僅會員本身的購入慾望很高，也能期待會員們採取「向周遭的人宣傳」這類的行動。

Quirky 所研發的商品的實例

藉由讓畚箕的握把部分變成彎曲的，就能以單腳踩住的方式來固定畚箕。另外，畚箕上也裝有梳子狀零件，可以用來去除掃帚上的垃圾。

接著，訂單達到必要數量後，終於可以開始生產了。除了由 Quirky 直接販售（網路販售）以外，Quirky 也會開始透過量販店等通路來販售。

產品發售後，一部分收益會回饋給會員。網站上每天都會計算該產品的銷售量，而且每週會依照會員的貢獻值將金額匯給會員。會員只要登入自己的帳號，就能隨時確認情況。

在貢獻值方面，最初提出點子的人當然不用說。在決定名稱、顏色、包裝等事項的過程之中，如果有提案並且被採用的話，也會獲得貢獻值。藉由這樣的做法，就能提昇參與研發過程的會員們的幹勁。

Quirky 不僅會獨自研發這類產品，也會透過相同的流程來與其他企業合作研發產品。例如，Quirky 曾與美國的 General Electric 公司合作，研發出運用了該公司技術的產品。舉例來說，像是能夠透過應用軟體來控制開關的電源延長線、能夠告知牛奶、雞蛋等食品的保存期限的感應器等。

Quirky 的辦公室位於美國紐約。現階段的員工有約 200 人，不過一開始只有約 20 人。雖然最初的一、兩年遲遲無法做出具體的產品，不過自從成功案例出現後，規模就一口氣擴大了。由於他們募集到了 200 億日圓的投資資金，所以我認為大家應該可以了解到，Quirkyu 有多被看好。

由於有制度與語言上的障礙，所以日本人也許很難參與。即使是最初的提案階段也好，如果日本也能發展這類活動，似乎會非常有趣。

另外，令人感到有點遺憾的是，Quirky 所研發的出色產品並非全部都能在日本發售。由於日本有自己的安全性等規定，所以為了通過這些規定，檢驗與檢查是不可或缺的。不過，Quirky 的產品並非以大量生產為前提。舉例來說，為了進行檢查，估計要花費 100 萬日圓以上，那樣，成本就會大幅提昇。另外，如果每次進口都要花費檢驗成本，業者就會選擇匯集到一定的量之後再進口，導致庫存增加。如果這種非關稅障礙能夠再稍微降低的話，應該就有機會能夠購得更多的 Quirky 產品。

3D 列印機專用的新標準格式

目前，相關機構正針對 3D 列印機制訂能記錄 3D 模型資訊的新檔案格式。這種新格式「AMF（Additive Manufacturing File Format）」以 3D 列印機目前所使用的「STL」格式為基礎，並補強了其弱點。目前的制訂狀況為，專家正在國際標準化．規格制定機構「ASTM 國際標準組織」提出最初的草案。

STL 格式是 30 年前所制訂的檔案格式，呈現能力很低，只能記錄物體的表面形狀。因此，即使透過 CAD 製作出細緻的模型，將檔案儲存成 STL 格式時，顏色、材料、內部結構等資訊就會消失。在列印資料時，必須再次重新調整資料。

AMF 格式運用了 XML（Extensible Markup Language）來記錄資訊。使用 XML 的好處有兩個，第一個優點是，不僅能讓電腦處理，就算人看了，也能理解其意義。另外一個優點，則是將來要擴充功能時，只要藉由增加標籤（tag），就能輕易地應付需求。在材質方面，除了單純的記錄以外，也能下達「依照部位來分別使用多種材質」、「在列印時，逐步地變更兩種材料的比例」這類指令。此外也能下達「在模型內部結構或模型表面印上圖案」、「進行 3D 列印時，採取最有效率的列印方向（積層方向）」這類指令。這種格式也能夠記錄作者名稱、模型名稱等元資料（meta data，也稱後設資料）。

在下一個版本中，會考慮加入「資料加密、數位浮水印的定義、與組合指令的配合、加工步驟、3D 紋理技術與 STL 不同的形狀呈現（立體像素等）」之類的資訊。

chapter

5

3D列印機的實態

透過 3D 列印機來製作立體模型的方法，並非只有一種。能夠使用的材料與能夠實現的精準度也有很大差異，設備的價格範圍非常廣，從幾萬日圓到超過一億日圓的機種都有。本章將會解說這些差異與特色。

3D 列印機的原理

3D 列印機所列印出來的立體模型，基本上是剖面形狀的集合體。也就是說，藉由一層一層地列印出板狀的剖面形狀，來讓立體模型完成。在這個意義上，人們會使用「積層製造」這個詞來表達。另外，3D 列印不像切削加工那樣，會切除主要材料上的部分材料，基本上只會持續補充必要部分的材料，所以也被稱為「添加式製造（Additive Manufacturing）」。

無論如何，現在各種成型方式都已經實用化，可運用的材料與成型後的處理方式也不同。在第 5 章中，我想要介紹 3D 列印機的成型方式的差異與基本原理。

大致上可以分成 7 種方式

在 3D 列印機的歷史上，其曾經被稱作「快速成型（Rapid Prototyping，簡稱 RP）機」與「3D 積層製造機」。快速成型機這個名稱的由來，來自於能夠迅速地製作試作品。後者命名的由來，則是藉由堆疊剖面形狀來製作出立體模型。

應該有很多人聽過一開頭所介紹的「添加式製造（Additive Manufacturing：AM）」這個關鍵字吧！雖然根據情況，可以分別將專業級（工業用）機種稱為「添加式製造裝置」或「AM 裝置」，

ASTM 使用的名稱	俗　稱	簡　　介
材料擠製成型（material extrusion）	熔融沉積成型法（FDM）	藉由從內建加熱器的可動式噴頭中擠出熱塑性樹脂，來製作出剖面形狀。
光聚合固化技術（vat photopolymerization）	光固化成型法	將光線照射在光固化樹脂（紫外線固化樹脂）上，選擇性地使其硬化，逐漸將材料堆疊起來的方法。
粉體融化成型技術（powder bed fusion）	選擇性雷射燒結法	藉由對平坦地鋪滿的粉末照射雷射或電子束，來使材料燒結成剖面形狀。
材料噴塗成型技術（material jetting）	噴墨式	藉由從噴頭中噴出光固化樹脂、熱塑性樹脂、蠟等材料，來進行積層製造。
黏著劑噴塗成型技術（binder jetting）	噴墨式	選擇性地從噴頭中將黏著劑噴在石膏、樹脂、陶瓷等粉末上，將其固定。
疊層製造成型技術（sheet lamination）	疊層製造	將薄板材料切成剖面形狀，然後一邊黏接，一邊進行積層製造。使用一般紙張與PVC（聚氯乙烯）薄板的裝置已經實用化。
指向性能量沉積技術（directed energy deposition）	—	給人的印象很接近包覆焊接法。在原理上，能夠以一體成型的方式來製作出混合了多種材料的立體模型。

添加式製造技術

個人用的低價機種則稱為 3D 列印機，不過在本書中，我決定將所有機種都統稱為「3D 列印機」。

依照國際標準組織 ASTM International 分類，添加式製造技術大致上可以分成 7 種。

不過，這些稱呼也許並不普遍。在本書中，我想用大家稍微比較熟悉的俗稱，介紹各種成型技術。

● FDM（熔融沉積成型法）

近年來，許多個人用低價 3D 列印機都採用這種方法。透過加熱器來使熱塑性樹脂（只要遇到高溫就會融化的樹脂）融化，然後從可動式噴頭中擠出剖面形狀。原理為從噴頭中被擠出來的樹脂，遇到空氣後就會冷卻，逐漸凝固。

目前大部分的設備都採用細長的絲狀材料（絲狀樹脂），不過專家們也正在研發可以使用「pellet（顆粒狀材料）」的設備，也許不久後就會問世。

在材料方面，以名為 ABS（丙烯腈・丁二烯・苯乙烯）與 PLA（聚乳酸）的樹脂為主流。若是高價機種，也可以選擇強度與耐熱性更加出色的樹脂等材料。即使是低價機種，可使用的樹脂種類也在增加中，也有材料公司正在研發，混合了碳纖維或金屬粉末的絲狀樹脂。

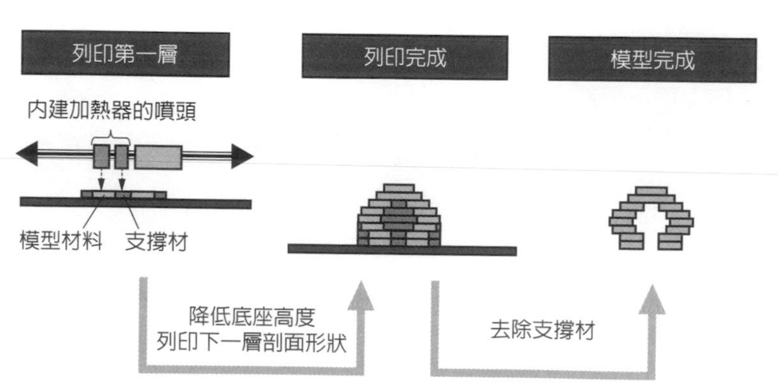

FDM 機種的列印過程

●噴墨式

這種使用噴墨式噴嘴的列印方法，成為了人們使用「3D 列印機」這個名稱的契機。使用類似一般平面印表機的噴墨式噴嘴來列印剖面形狀。可以分成「從噴嘴中直接噴出立體模型的材料（光固化樹脂或蠟）」與「噴出黏著劑，將粉末材料固定」這兩種方法。

採用前者的機種包含了，Stratasys 社（以前的以色列 Objet 公司）、KEYENCE 公司、美國 Solidscape 公司的設備、美國 3D

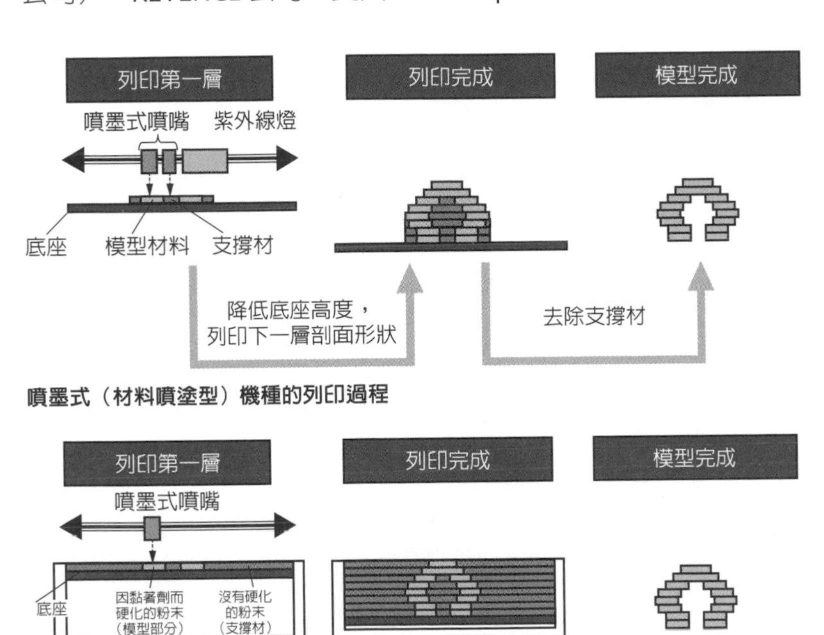

噴墨式（材料噴塗型）機種的列印過程

噴墨式（黏著劑噴塗型）機種的列印過程

Systems 公司的「ProJet」系列中的一部分等。Strayasys 公司與 KEYENCE 公司的設備在列印時，立體模型與支撐材部分這兩個部分都採用光固化樹脂。用來讓擠出的樹脂硬化的紫外線（UV）燈，會跟噴墨式噴嘴一起同時掃描列印面。Solidscape 公司的設備在列印時，兩者都採用蠟，若是 ProJet 的話，立體模型部分的材料採用光固化樹脂或蠟，支撐材則採用蠟。

另一方面，後者（黏著劑噴塗型機種）則包含了，美國 3D Systems 公司的「ProJet x60」系列（以前的 ZPrinter）與德國 ExOne 公司的設備。此方法的列印過程為，先鋪滿粉末狀材料，然後將黏著劑噴塗在表面的剖面形狀部分上，使其凝固。列印完第一層後，就供應第二層的粉末，重複進行相同步驟。應該有很多人在「DMM.make」的電視廣告中看過這種列印方式吧。此機種的另一項重要特色為，除了黏著劑以外，還會噴出多種顏色的墨水，並混合起來，藉此來製作出全彩的立體模型。

ProJet x60 使用的材料為石膏類粉末。3D Systems 公司也正在研發能夠使用樹脂粉末、陶瓷粉末，甚至是食品（巧克力或砂糖等的粉末）來列印的 3D 列印機。ExOne 公司的設備能夠製作出鑄造用的砂模。

●疊層製造

此方法的原理為，依照剖面形狀的輪廓線來切割薄板狀材料，然後持續將其堆疊起來，以製作出立體模型。舉個例子來說，愛爾蘭的 McorTechnologies 公司推出了一台名為「Mcor IRIS 3D color printer」的 3D 列印機，該機種能夠以堆疊一般紙張的方式來列印出全彩的立體模型。這是少數能夠藉由「使用普通的噴墨印表機在一般紙張上列印圖案」的方式來製作全彩立體模型的 3D 列印機之一。

具體的列印過程如下。首先，在剖面形狀上（一張張的紙），使用噴墨印表機來對相當於立體模型表面的部分（輪廓線）上色。雖然噴墨印表機是市售產品，但為了讓墨水滲透到紙張內，所以墨水會採用獨特產品。此時，除了輪廓線部分以外，還要事先在紙張的四個角落印上用來核對位置的記號。

事先依序地將「使用噴墨印表機來上色的紙張」疊起來，以讓立體模型的最下層跑到最上面。在這種狀態下，將整捆紙張裝到 3D 列印機上。

3D 列印機會一張張地將紙移動到列印區。此時，只要依照上述的記號來決定位置，就能維持輪廓線的相對位置的精準度。

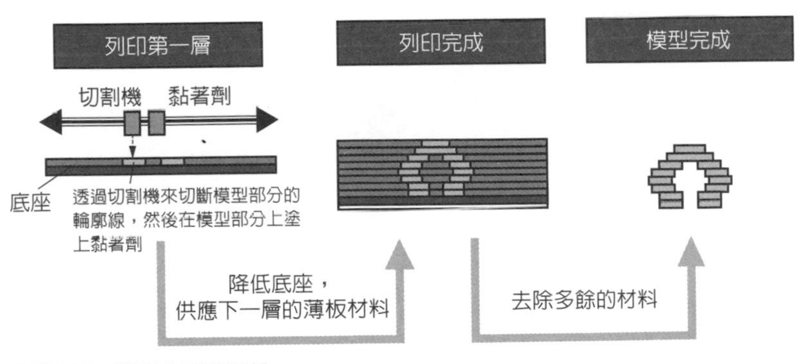

疊層製造型機種的列印過程

關於被移動到列印區的紙張，首先要用切割機來切斷紙張上的輪廓線，然後塗上黏著劑。在切斷輪廓線時，同時也要在立體模型（剖面形狀的輪廓線）之外的部分劃上切口。這樣做是為了，列印完成後，方便取出模型，也就是說，要讓人可以輕易去除立體模型以外的部分。基於同樣的理由，立體模型的外側也會塗上黏著劑。

讓「周圍帶有突起物的小型圓板狀零件」接觸紙張表面，以塗上黏著劑。將黏著劑塗在突起部分的前端，然後一邊慢慢地轉動圓板，一邊按住紙張。因此，紙張的表面就會被塗上圓點狀的黏著劑。藉由控制圓板的轉動，來讓剖面形狀部分的黏著劑密度變得較高，其他部分的黏著劑密度則變得較低。

在這種狀態下，將更高一層的紙張移動到列印區，堆疊上去。如此一來，整個列印區就會上升，讓紙張被夾在列印區與頂板之間，然後按住剛疊上去的紙張，使其被塗在下方那張紙上的黏著劑

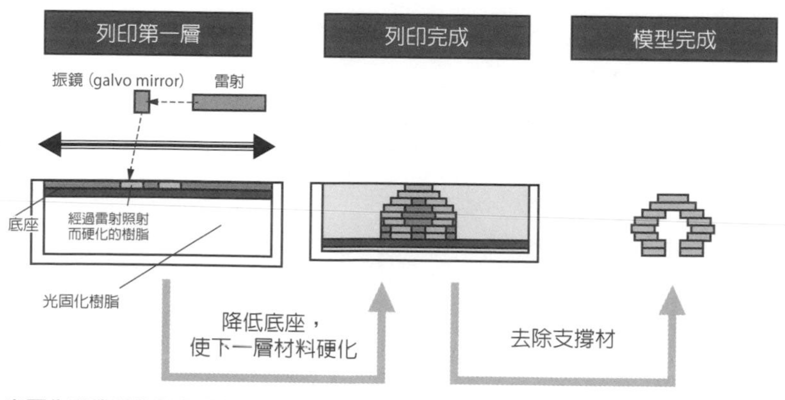

光固化型機種的列印過程

固定。

在疊層製造型機種當中，也有能夠使用 PVC（聚氯乙烯）薄板來進行列印的機種，像是以色列 solido 公司的「SD300 Pro」。

●光固化系統

此方法的原理為，將液態的光固化樹脂儲藏在水槽中，然後用雷射來照射液體表面，使其硬化。其實，光固化是最早期就有的方法，在某段時期，包含國內廠商在內，許多廠商都使用這種技術。

還有一種設備不僅會運用「使用雷射來照射液體表面」這種方法，還會將水槽底部做成透明的，讓光線從下方照射，使其硬化。此方法的特徵為，大多會採用「使用投影機燈泡等來讓剖面形狀一次曝光」這種方式。照射液體表面時，要讓用來固定立體模型的底座慢慢下降。不過，若是從下方照射光線的話，則要讓底座慢慢上升。也就是說，列印完成時，底座的底面會懸吊在空中。

●粉末燒結（選擇性雷射燒結法）

此方法的原理為，選擇性地使用雷射或電子束來照射鋪得滿滿的粉末表面，將剖面形狀部分加熱融解，然後再使其凝固。材料可以使用樹脂、金屬、陶瓷等。現階段，能夠使用金屬材料來列印的 3D 列印機幾乎都是採用此方法。

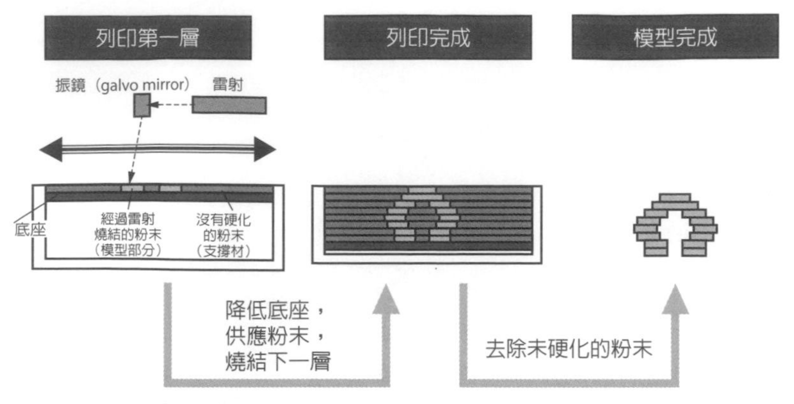

光固化型機種的列印過程

●金屬複合成型法

最後，來介紹一個有點特殊的列印方法吧！此方法結合了「之前所介紹的 3D 列印方法」與「切削加工之類的傳統加工成型技術」。雖然我個人覺得將這稱為 3D 列印機是有點怪，但此技術也被稱為「3D 金屬複合加工技術」或「金屬光固化成型技術」等。

藉由混合多種材料來產生新的物質特性

基本上，3D 列印機所使用的樹脂材料會是光固化樹脂，或者遇到高溫就會融化的熱塑性樹脂（或是蠟）。各企業會研發、供應具備各種強度、韌性、透明度、顏色的材料。依照設備的設計方式，有時也能增加材料種類。

Stratasys 社的高階噴墨式 3D 列印機「Connex」系列，能夠同時使用物質特性不同的材料。因為這一類機種搭載了複數個噴頭，能分別從不同的噴頭擠出不同種類的樹脂。舉例來說，可以依照用途來選擇材料，用來當作軸封（packing）的部分採用橡膠狀材料，需要較高強度的結構部分則採用堅硬的材料。由於能夠在採用透明材料的零件中，放入有色材料做成的零件，所以想要讓內部可視化時，就能發揮作用。再加上，也能夠將多種材料混合，使材料產生新的物質特性。該公司將這種材料稱作「數位材料」。最新型的機種最多能夠同時使用 3 種材料，不僅是材質，也能提昇色彩表現力。

即使是 FDM 型 3D 列印機，有些機種也搭載了複數個噴頭，能夠列印出多色立體模型。不過，由於大部分的產品都無法同時擠出多種材料，所以無法將材料混合。雖然英國廠商正在研發一種「能夠混合 5 種材料，實現全彩列印」的 3D 列印機，但距離商品化似乎還要花上一些時間。

在「去除支撐材」這項工作上也有差異

在運用 3D 列印機時，必須事先了解名為「支撐材」的部分。這是因為，3D 列印的原理為「反覆地堆疊剖面形狀」，從這一點來看，在列印許多形狀時，用來支撐模型部分的支撐材是不可或缺的。從易用性的觀點來看，也必須事先掌握去除支撐材時需要耗費的時間與勞力。

在 3D 列印機的材料方面，基本上，模型材料與支撐材會使用不同的材料，以讓支撐材變得容易去除。使用「透過雷射來掃描液

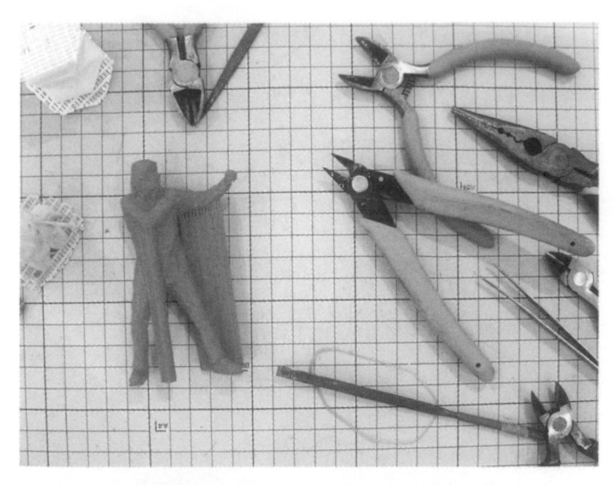

使用 FDM 機種製作的樣品，支撐材還附在上面
透過鉗子等工具來去除。

態光固化樹脂表面的光固化系統」或 FDM 機種時，只能使用一種材料，立體模型部分與支撐材部分的材料是相同的。因此，必須將立體模型與支撐材部分的交界處做得較細，以便於去除支撐材。若是 Stratasys 社所發售的 FDM 型 3D 列印機，該公司有準備「使用可溶於鹼性溶液中的材料製成的專用支撐材」。

若是噴墨式（材料噴塗型）機種，在列印模型時，可以選擇性地另外噴出支撐材。若是 Stratasys 社的產品，會採用凝膠狀材料來當做支撐材，列印完成後，只要用水沖，就能去除支撐材。美國 3D Systems 公司的 ProJET 系列，則使用遇熱會融化的熱塑性樹脂（蠟）來當做支撐材。KEYENCE 公司的「Agilista」所採用的支撐材能夠溶於自來水中。

在實際的工作中，這種去除支撐材的工作是最費事的。舉例來說，使用位於本公司的 ProJet 時，首先要放入烤箱中，融解支撐材，以將其去除。不過光是這樣，在表面與狹窄縫隙等處還是會有支撐材殘留，所以要將模型放進加了油的超音波清洗機中，去除殘留的支撐材。最後，再以沖水的方式去除殘留在表面的油，這樣模型就完成了。

使用「ProJet」系列製作出來的模型樣品
網眼部分的蠟製支撐材已經去除完畢。

使用在鋪滿粉末材料的狀態下進行列印的粉末燒結型或噴墨式（黏著劑噴塗型）3D 列印機時，基本上不必讓支撐材部分硬化。製作立體模型時，沒有硬化的粉末能夠發揮支撐材的作用。只要將已完成的模型拿起來，沒有硬化的粉末就會掉落。附著在比較複雜的部分與表面部分的粉末會殘留下來，這些粉末可以透過壓縮空氣等方式來去除。

不過，如果是採用金屬粉末燒結技術的 3D 列印機，為了防止模型因為列印時的溫度變化或本身的重量而出現彎曲等變形情況，所以除了原本的立體模型以外，有時候還必須另外準備支撐材。採用這種列印方式時，立體模型部分與支撐材部分想要分別使用不同材料是很困難的。另外，由於材料是金屬，所以支撐材的去除工作會比使用樹脂材料時，更加費事。

3D 列印機的優點與課題

3D 列印機是眾多製造方法中的一種。因此，為了與其他成型・加工方法搭配運用，或是視情況來靈活運用，我們必須事先充分地了解 3D 列印機的優點與課題。當然，這些優點與課題會根據上述的列印方式而產生差異。即使是同樣的列印方式，優點與課題也會隨著設備種類（價格）而有所變化。更進一步地說，就算使用完全相同的設備，優點與課題也會因為操作熟練度而產生變化。

【優點】

（1）形狀的自由度很高

即使是以前無法一體成型的形狀，透過 3D 列印機，就能製作出一體成型的產品。舉例來說，使用切削加工技術時，必須要保留能讓工具進入的空隙。若是運用金屬模具的成型技術，用來讓人從金屬模具中取出成型品的脫模角度（draft angle）是不可或缺的。典型的例子就是中空結構的產品。

另外，應該只有 3D 列印機才能透過去除加工技術來製作出必須運用放電加工技術等的細長深孔、孔的底面的直角（pin angle）等形狀吧！

（2）比較容易透過 3D 資料來取得立體模型

不過，說到「是否任何 3D 資料都能直接拿來用」，也不能那樣說。在大部分的情況下，都必須進行許多資料處理，這一點請大家要事先記住。

另外，在檔案格式方面，雖然目前 STL 是約定俗成的標準格式，但在功能上不能說是很足夠。最近，人們也正在推動 AMF 這種新格式的標準化。根據計畫，AMF 不僅能夠呈現形狀，也能夠呈現顏色、表面性狀、內部結構等資料。

【課題】

（1）可用的材料很有限

（2）必須進行後製加工處理

雖然有時也要看列印方式與形狀，但透過 3D 列印機製作而成的模型必須進行後製加工處理。不過，要說當然的話，這確實是理所當然的事，畢竟去除支撐材的工作也是不可或缺的。支撐材指的是，在如同 3D 列印機這類藉由持續堆疊剖面形狀來製作立體模型的方法（積層製造技術）中，除了立體模型以外，還要另外製作臨時的部分。支撐材是原本的 3D 資料中不存在的形狀，要特意去製作，列印完成後，必須將支撐材去除。

必須使用支撐材的理由，基本上是為了避免材料在列印時，因為受到重力的影響而掉落。舉例來說，在列印「朝向上方突出的倒懸（overhang）部分」與「突然從某個高度出現（如同房間內的吊燈那樣）的形狀」時，用來當作臨時地基的支撐材是必要的。

在運用 3D 列印機時，必須事先掌握支撐材的特性。支撐材的存在，會影響列印時間與材料使用量，甚至也會影響成本。「正確地理解支撐材的特性」這一點能夠成為引進 3D 列印機時的判斷依據，也有助於提昇引進 3D 列印機後帶來的效益。

如同之前說的那樣，基本上，在倒懸部分等處必須使用支撐材，不過如果突出部分的角度在某種程度內的話，有時就算不設置支撐材也能列印。舉例來說，使用樹脂熔融型 3D 列印機時，即使從垂直線（積層方向）往外突出約 30°，在大部分的情況下，沒有支撐材也能列印。

3D 列印機所附贈的軟體能夠自動地判斷「哪個部分需要支撐材」、「是否要補充支撐材」。在這種情況下，使用者只要去思考支撐材要放在列印區的哪個位置（支撐材與積層方向之間的角度），以及支撐材的密度即可，不過還是必須去判斷「自動製作出來的支撐材位置與形狀是否夠用」。

舉例來說，有時候設置支撐材不僅是為了抗拒重力，同時也是為了避免「模型因為材料收縮等因素而發生彎曲等變形」。詳細情況之後會說明，當我們在切除支撐材時，也必須考慮到「切除工作是否方便進行」與「切痕是否會對模型的外觀品質造成不良影響」等事項。

在支撐材的材料方面，會出現「與立體模型的列印材料相同」和「使用其他材料」這兩種情況。當模型材料與支撐材材料相同時，基本上要以手工的方式來去除支撐材。必須事先將立體模型與支撐材之間的相連部分做得細一點，以方便切開。

若是透過可動式噴頭來擠出熱塑性樹脂的熔融沉積成型法的話，在只能使用一種材料的情況下，模型材料與支撐材材料必定是相同的，必須跟光固化成型法一樣，以手工方式來去除支撐材。

使用噴墨式 3D 列印機時，基本上會準備與模型材料不同的支撐材專用材料。能用來當作支撐材的材料具有各種特徵，具體來說，包含了 [1] 可溶於水的材料、[2] 遇熱會融解的材料、[3] 可以用水刀（water jet）來清除的凝膠狀材料這幾種。

若採用「一層層地讓粉末材料硬化」的列印方法的話，由於未硬化的粉末會將列印區填滿，能發揮支撐材的作用，所以不必特意準備支撐材形狀的資料。列印完成後，只要取出立體模型，位於周圍的許多粉末就會掉落。不過，還是必須去除深入內部的殘留粉末與附著在表面的粉末。這些粉末基本上會使用壓縮空氣來去除，細微的部分則要使用刷子等工具，以手工方式來清除。

採用「在薄板狀材料上切斷剖面形狀的輪廓線，逐漸堆疊材料」的列印方法時，立體模型以外的部分也會發揮支撐材的作用。與粉末積層型不同，無法透過氣體或液體來去除支撐材部分，所以要以手工方式來去除支撐材。在設置支撐材時，也要多花一些工夫，像是「為了方便去除支撐材，所以要在支撐材部分劃上切口」、「為了能夠一次去除整塊支撐材，所以會把每一層支撐材都黏起來」等情形。

像這樣地，去除支撐材的方法有很多種。以手工方式來去除支撐材時，必須要讓工具能接觸到支撐材的切割部分。反過來說，內部形狀較複雜的模型，會很難列印。另外，當切斷的部分會影響模型的外觀品質時，就必須進行研磨等加工處理。視情況，也能藉由調整積層方向等方式來避免這類情況發生。

從這一點來看，採用「能以融解、吹散的方式來去除支撐材」的列印方式時，形狀的自由度較高。舉例來說，能夠在球體中列印出「球體裝在套疊狀物體中的形狀」。

不過，用來排出支撐材材料的空隙還是不可或缺的，因此無法列印出完全密閉的形狀。使用壓縮空氣來去除支撐材時，如果力道太強的話，樹脂製立體模型的細緻部分有可能會受損，所以必須特別留意。

（3）製作 3D 資料很費事

運用於製造業等領域時，這一點不太會造成什麼問題，不過一般人在運用 3D 列印機時，經常會遇到問題。

（4）資料的著作權

將這一點稱作課題的話，也許是有點誇張。雖然這一點與「3D 資料與網路的契合度很高」這項優點是表裡一致的關係，不過，如同在第 4 章說明過的那樣，隨著 3D 列印機的普及，以付費／免費的方式在網路上公開的 3D 資料急遽地增加。

舉例來說，「下載後，只能使用 3D 列印機來規定列印的次數」這一點在技術上應該是辦得到的。由於是 3D 資料，所以使用者這邊當然也可能會對資料進行修改。在第 2 章中我們有稍微介紹過，Honda 公司所公開的概念車資料中有引進「創用 CC」的觀點。

（5）成本

雖說近年來，設備與材料的價格逐漸降低，不過，實際上許多人還是覺得價格很高。關於成本的部分，必須透過性價比的觀點來看待。

3D 列印機的產品趨勢

在這裡，要針對最近的產品趨勢來進行說明。雖然很難嚴密地劃分，但在說明最近的產品趨勢時，想要將個人用 3D 列印機與專業級 3D 列印機分開來看待。

【個人用 3D 列印機】

2014 年 1 月 7 ～ 10 日，「2014 International CES」在美國拉斯維加斯舉行。該展示會不僅展出了正宗的電子設備，也相繼地展出了新款的 3D 列印機。展場中出現了新的消費性 3D 列印機與未曾見過的新型 3D 列印機。

美國 AIO Robotics 公司所展示的產品是「ZEUS」。該產品將「能從內建加熱器的可動式噴頭中，噴出熱塑性樹脂的 3D 列印功能」與「能將立體模型的形狀掃描成 3D 資料的 3D 掃描功能」整合在同一台機器中。該公司在群眾募資平台「kickstarter」上籌措資金，預定從 2014 年 7 月

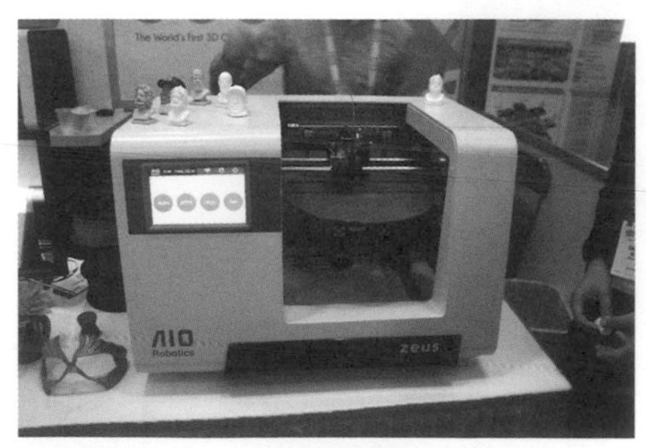

3D 列印機與 3D 掃描器的複合機「ZEUS」

開始讓產品上市。

ZEUS 準備了「掃描」、「列印」、「複製」及「傳真」這 4 個選單。分別地單獨使用「掃描」與「列印」功能時，可以透過「複製」功能，連續執行這兩個功能。

也就是說，藉由直接使用已完成 3D 掃描的資料來進行 3D 列印，就能實現 3D 複製。一般來說，為了將「3D 掃描器所取得的資料」轉換成「3D 列印機的輸入資料」，必須要修改資料。不過，該公司說 ZEUS 搭載了自動修正功能。該功能可以發揮到什麼程度，令人非常感興趣。

使用食品來進行 3D 列印

能夠製作出可食用立體模型的 3D 列印機，也非常受到注目。那就是美國 3D Systems 公司展出的「ChefJet」。這種 3D 列印機能夠透過噴墨式噴頭，將黏著劑噴塗在粉末材料上，讓剖面形狀硬化。粉末材料和黏著劑兩者都是可食用的，可以製作出各種形狀的巧克力、糖果及砂糖塊等。藉由使用各種顏色的黏著劑，似乎也能做出全彩模型。ChefJet 預計會在 2014 年下半上市，價格預估為 5000 美元。

能夠列印食品的「ChefJet」

使用「ChefJet」製作的點心

除了此機種以外，該公司也展出了「能透過黏著劑來固定粉末材料的3D列印機」、能夠使用陶瓷粉末來製作立體陶瓷模型的「CeraJet」、能夠製作全彩樹脂模型的「CubeJet」。兩者皆預計在2014年下半上市，在價格方面，CeraJet預估會在1萬美元以下，CubeJet大約為5000美元。

也展出了現有主力機種的後繼機

3D Systems公司不僅展出了新型態的產品，也展出了「Cube（Cube2）」與「CubeX」這兩款現有的個人用3D列印機的後繼機種。這兩款後繼機種採用全新設計，與之前提到的ChefJet、CeraJet、CubeJet一樣，造型很圓滑。「藉由減少露出可動部位來提高安全性」這一點似乎也是新設計的目標。

定位為入門款的「Cube3」所能列印的最大尺寸比Cube2稍大，搭載的列印噴頭從以前的一個變成兩個。線材匣也煥然一新，提昇了使用便利性。儘管如此，價格卻降低了。

另一方面，CubeX的後繼機種「CubePro」沿用了CubeX的設計，能夠搭載的線材匣為2個、噴頭為1～3個，而且噴頭種類有3種。最大的改變為，CubeX的機體為開放型，CubePro的機體造型則變更為密閉型。設計人員認為，藉由這樣的做法，能夠掌控列印區的氛圍，提昇列印精準度。

將產品陣容分成大中小

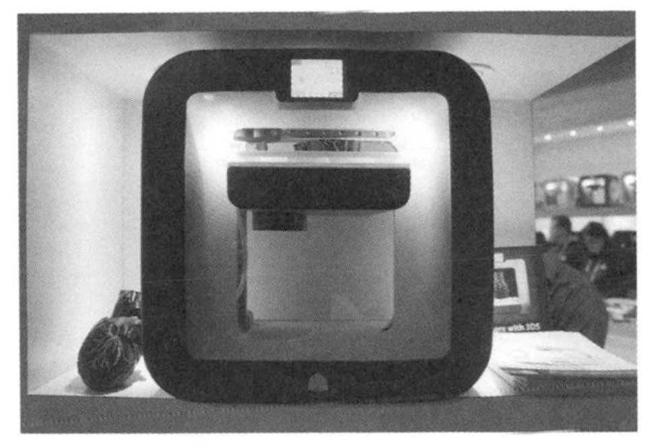

對於 3D Systems 公司來說，「Cube3」是第三代入門款

在個人使用的 3D 列印機的市場之中，與 3D Systems 公司並稱為雙雄的美國 MakerBot 公司換了全新的產品陣容，展出列印區各有差異的 3 款機種。

首先，是列印區比現有的「Replicator 2」大上約 11% 的「Replicator（5th Generation Model）」。該機種搭載了新研發的列印噴頭、3.5 英吋的彩色液晶螢幕、用來監控列印區的小型攝影機（onboard camera）等。價格為 2899 美元，比 Replicator 2 貴了 100 美元。

剩下的兩款是小型機種「Replicator Mini」與大型機種「Replicator Z18」。兩者在性能方面，「Replicator Mini」與「Replicator」有明顯差距，而且省略了隨身碟功能、網路連接功能、彩色液晶螢幕。Replicator Z18 所增加的新功能為「提昇列印區內的溫度」，此功能的目的在於，以高精準度來列印大型模型。在價格方面，Replicator Mini 為 1375 美元，Replicator Z18 為 6499 美元。

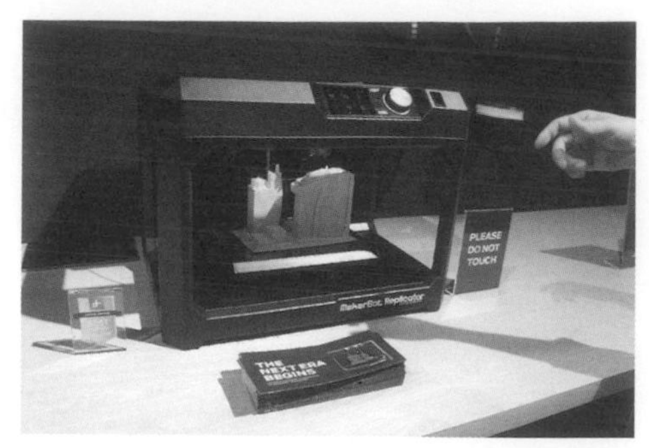

「Replicator」是 MakerBot 公司的新產品陣容之一，大小與過去的機種一樣大。

500 美元以下的低價機種

XYZ Printing 公司展出了售價為 499 美元的低價 3D 列印機「da Vinci 1.0」。該公司已經進入了日本市場，從 2014 年 4 月開始，以低於 7 萬日圓的價格來販售該產品。今後，該公司也會繼續研發列印噴頭增加到 2 個的「同機種 2.0」與搭載觸控螢幕的「同機種 2.1」，預定會在 2014 年夏季發售。

受到這種低價化趨勢的影響，專業級 3D 列印機的低價化趨勢似乎也會擴大。舉例來說，列印出來模型的表面性狀公認很好的 Digital Wax Systems（DWS）公司展出了預定以 5000 美元販售的「XFAB」。由於該公司現有的 3D 列印機，即使是低價機種也要數百萬日圓，所以產品價格可說是大幅降低了。

國內廠商也持續加入

看到 10 萬日圓左右的低價 3D 列印機的市場正在擴大後，有愈來愈多國內廠商開始進軍該市場。大多數廠商都採用「從內建加熱器的可動式噴頭中噴出熱塑性樹脂」的熱熔型 3D 列印機（FDM），並以誕生於「RepRap Project」的開放原始碼作為基礎，進行研發。

身為國產 3D 列印機先驅的 Hotproceed 公司（總公司位於福岡市）所推出的「Blade-1」，以及 Open Cube 公司（總公司位於橫濱市）在 2013 年 7 月發售的「SCOOVO C170」，都是 RepRap 型 3D 列印機。由 SmileLink 公司（總公司位於東京）與 Division-Engineering 公司（總公司位於橫濱市）共同研發的「DS.1000」，在 2013 年 11 月上市了。

在研發 D.S1000 時，為了降低研發成本，控制板、噴頭部分（熱端，hot end）、韌體（firmware）、操作軟體、G-Code 製作軟體等都運用了開放原始碼。這兩家公司預定要以開放原始碼的形式來公開「DS.1000 的產品資料、軟體的更新檔、專案資料」這三項資料。

DS.1000 的特點在於，可以使用尼龍（聚醯胺）來當做列印材料。此機種是低價的 3D 列印機，除了一般的 ABS（丙烯腈・丁二烯・苯乙烯）樹脂與 PLA（聚乳酸）以外，還能使用尼龍當做材料。之所以會這樣設計是因為，Division-Engineering 公司的經理平出貴史先生曾說過「由於尼龍很柔軟，所以我期待這樣做能夠創造出不同於以往的新用途」。

市場上也出現了採用連桿機構的 Delta 型機種

已經進入低價 3D 列印機市場的國內廠商正在擴大產品陣容。舉個例子來說，S. Labo 公司推出了搭載複數個列印噴頭的產品。Hotproceed 公司今後的方針為，研發出價格進一步地突破 10 萬日圓大關的低價 3D 列印機。

Genkei 公司（總公司位於東京）在 2014 年 6 月發售了一款有點特殊的 3D 列印機，這種機種被稱為 Delta 型。一般的 3D 列印機在進行列印時，會上下、前後、左右地移動噴頭（或者是列印底座），相較之下，Delta 型在進行列印時，會藉由讓「從列印噴頭朝 3 個方向延伸的連桿」沿著 3 根支柱上下移動，來控制噴頭的位置。

雖然國外廠商已經推出了採用這種方式的 3D 列印機，但在國內廠商中，這是首創。採用此方式的優點為，「比較容易確保高度較高的列印區」與「不但能讓噴頭水平移動，也能輕易地讓噴頭上下或斜向地移動」。

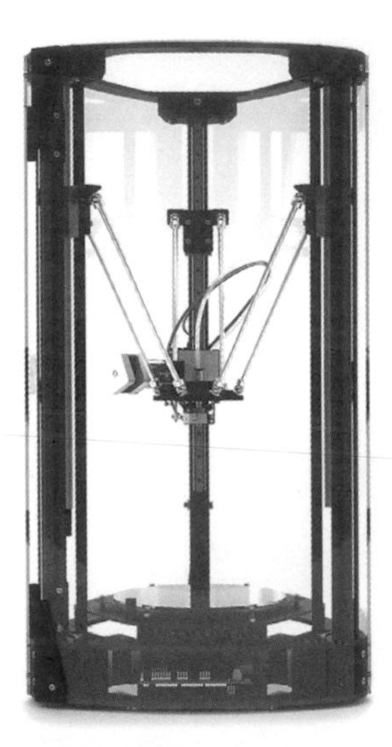

Genkei 公司的 Delta 型 3D 列印機「Trino」

其實，目前身為個人用 3D 列印機最大廠商之一的美國 Makerbot 公司，在開始研發「Replicator」的時候，原本也是從 RepRap 型 3D 列印機開始做起。雖然不是所有的國內廠商都會以 Makerbot 公司為目標，但是今後，在暢銷於世界各地的產品中，也許會出現來自日本的 3D 列印機。

國外廠商也推出新產品

當國內廠商相繼推出低價機種時，另

一方面，國外廠商也專注於提昇產品的附加價值。其中，今後似乎會很受到注目的是，英國 botObject 公司的「ProDesk3D」。據說，雖然採用熔融沉積成型法（FDM），卻能列印出全彩模型。

如果是許多低價機種都採用的熔融沉積（FDM）式 3D 列印機的話，雖然能夠分別將不同顏色的材料安裝在複數個列印噴頭中，列印出某些部分顏色不同的模型，不過只能呈現出事先準備好的材料的顏色。

另一方面，ProDesk 所採用的設計為，將 5 種顏色的材料提供給用來擠出材料的 1 個噴頭，在噴頭中調整各材料的比例，以呈現出微妙的顏色。現階段，只能讓顏色朝著積層方向產生變化，希望今後能研發出「讓顏色也能橫向地產生變化」的產品。預定售價為 64 萬 8000 日圓（不含消費稅），雖然有點高，不過以支援全彩列印的 3D 列印機來說，算是便宜的。儘管在列印效果方面還很難說，但此機種仍是令人期待的設備之一。

【專業級 3D 列印機】

2013 年 12 月，金屬模具／器材的展示會「EuroMold 2013」在德國的法蘭克福展覽館（Frankfurt Messe）舉辦。在該展示會中，3D 列印機在最近幾年都非常受到注目。在以德國為首的歐洲地區，許多廠商都推出了能以金屬為材料的專業級 3D 列印機，讓 3D 列印機的運用方式進步到能夠實際製作零件。在 EuroMold 2013 中，許多技術都有所進步，像是「可列印的最大尺寸的提升、列印時間的縮短」這類有助於提昇生產效率的技術、基於零件適用性的考量而採用的新材料等。

一口氣推出 6 款新機

這次，發表最多新產品的是美國 3D Systems 公司。在新機種中，有 3 款產品採用了「ProX」這個名稱。該名稱並不是用來表示特定的列印方式，而是主要用於高階 3D 列印機的共通名稱。

具體來說，在光固化系統（以前的機種是「iPro」系列）方面，推出了列印區寬度達到 1.5m 的「ProX 950」，在粉末燒結型機種（以前的機種是「sPro」系列）方面，推出了「ProX 500」。雖然「ProX 500」屬於小型機種，但雷射輸出功率提高到 100W，可藉此來提昇列印速度。此外，在可使用金屬材料的 3D 列印機方面，該公司將在 2013 年收購的法國 Phenix Systems 公司的產品命名為「ProX 300」，重新上市。

另外，「ProJet」系列也追加了新機種。其中之一就是能夠列印全彩樹脂零件的「ProJet 4500」。該公司過去所研發的全彩機種是「ProJet X60」，該機種的列印方式為，藉由從噴墨式噴嘴中擠出黏著劑，來固定以石膏為基本材料

能夠列印全彩樹脂模型的「ProJet4500」（美國 3D Systems 公司）

的粉末材料。相較之下，這次發表的「ProJet 4500」，雖然同樣採用「透過黏著劑來讓材料硬化」這種列印方式，但藉由將樹脂當做粉末材料，就能列印出「全彩的樹脂立體模型」。雖然黏著劑的顏色只有 CMY 三原色（青綠色、洋紅色、黃色），所以顏色呈現能力有限，但仍是第一台能夠列印全彩樹脂模型的 3D 列印機。

EOS 公司也展出了兩款機種

3D Systems 以外的 3D 列印機公司也都陸續在 EuroMold 中發表了新產品。德國 EOS 公司所發表的是「EOS M 400」與「EOS P 396」這兩款。

EOS M 400 採用透過雷射來燒結金屬粉末的列印方式。隨著將最大列印尺寸提升到 400×400×400mm，該機種也採用了「透過複數個部件（unit）來分擔整個列印過程」這種設計。該公司計畫要在 2015 年，推出藉由搭載 4 個雷射裝置，來提高生產效率的機種。

另一方面，EOS P 396 是使用樹脂粉末來當做材料的雷射燒結型 3D 列印機，同時也是現有機種「EOSINT P 395」的改良機種。該機種所搭載的 CO_2 雷射裝置的最大輸出功率從之前

大容量的材料容器「Xtend 184」（Stratasys 社）

的 50W 提昇到 70W，可縮短列印時間。

提昇可連續列印的時間

總部位於美國和以色列的 Stratasys 社，雖然沒有發表新的 3D 列印機產品，但有針對在該公司產品陣容中被定位為最高階熱熔型 3D 列印機的「Fortus」系列發表了大容量的材料容器「Xtend 184」，以及具備「既柔軟，強度又高」這種物質特性的材料「FDM Nyron 12」。儘管「Xtend 184」的外觀尺寸和以前的容器一樣，但裡面能容納的材料量卻變成了 2 倍。據說，透過這個容器，最多能讓機器連續運作 100 小時。可以期待「減少更換材料的時間」、「列印大型零件時的自動化操作」等效果。

另一方面，「FDM Nyron 12」是黑色的聚醯胺（PA）類材料，斷裂強度與衝擊強度很高。適合用來製作需要反覆承受應力的零件。這是該系列機種首次採用 PA 類材料。

政府也開始啓動關於 3D 列印機研發的國家計畫

為了研發出世界最高水準的 3D 列印機，經濟產業省制定了一項計畫。在平成 26 年度的預算中，政府為「以 3D 列印技術為核心的製造業革新計畫」編列了 40 億日圓的預算。在此計畫中，政府以預算上限為 32 億日圓的「次世代工業用 3D 列印技術研發」和預算上限為 5 億 5000 萬日圓的「超精密 3D 列印系統技術研發」這兩個主題來公開召募委託企業。前者的目標是，能夠列印金屬材料的 3D 列印機（以下簡稱金屬 3D 列印機），後者的目標則是，用來製作鑄造用模具的 3D 列印機（以下簡稱砂模用 3D 列印機）。在這些 3D 列印機的領域中，現階段，在設備研發與運用這兩方面，以德國為首的歐美國家處於領先地位，所以政府要進行這樣的布局，以提昇日本的競爭力。目前公開召募已經截止，政府召集了研究機構、企業用戶等約 30 個公司．組織，組成技術研究工會。

電子束與雷射光束

在金屬 3D 列印機的研發計畫中，重點會放在採用燒結．融解金屬粉末方法的「電子束型機種」與「雷射光束型機種」這 2 種機種。該計畫的目標為，無論是何者，都要將目前的列印速度提昇為 10 倍，產品精準度則要提昇到 5 倍，然後在計畫結束後的 2020 年達到實用化目標。

具體來說，無論何者，最終目標都是，要讓每小時的列印速度達到 500cc，在模型精準度方面，電子束型機種需達到 ±50μm，雷射光束型機種則需達到 ±20μm，在最大列印尺寸方面，要達到 1000×1000×600mm 以上，設備本身的售價需在 5000 萬日圓以下。

為了達成這些目標，在提昇電子束與雷射光束性能的同時，也必須研發適用於各種列印方式的新型粉末材料。在計畫當中，也預定會一併進行「金屬粉末的細微化、縮減粒徑分布曲線圖的寬度、具備出色耐熱性與耐蝕性的新合金、防鏽等粉末材料加工技術的研發、提昇品質、降低成本」等方面的研究。在除了鈦與新型合金材料的粉末方面，目標是研發出「可以使用粒徑 20 μ m 以下的材料」的技術。

廉價地迅速製作砂模

在「砂模用 3D 列印機」的最終目標方面，每小時的列印速度要達到 10 萬 cc（100L）以上，列印出來的鑄模的製造成本要控制在每公斤 1000 日圓以下。為了讓設備在包含中小企業在內的地方普及，所以要將設備本身的售價控制在 2000 萬日圓以下。

其實，2013 年度就曾經進行過一次「砂模用 3D 列印機」的研發計畫。當時的計畫名稱也同樣是「超精密 3D 列印系統技術研發」，最終目標也一樣（讓列印速度達到 10 萬 cc/h 以上）。不過，2013 年度的「砂模用 3D 列印機」的研發計畫的預算規模以 1 億 5000 萬日圓為上限，所以這次的預算規模增加到將近 4 倍。

「砂模用 3D 列印機」與「金屬 3D 列印機」的研發重點，同樣都是粉末材料的研發。基本上，預定會採用「透過從噴墨式噴嘴中擠出的黏著劑來使人工砂的粉末硬化」這種方法，同時也會研發「能夠應付高熔點金屬鑄造的人口砂與黏著劑、對於『會影響鑄造過程的崩壞性』的考量、能夠混合堆疊不同種類的砂的機制」等技術。

2 年後（2015 年度尾聲），會舉行研發計畫的中期評估。預計會透過試作機等來評估性能，以判斷是否能夠達成中期目標。

chapter

6

人們已經研發出各種能將物體形狀轉換成 3D 資料的技術與方法。透過 3D 掃描器所取得的資料，大多都必須進行修改。本章將會介紹 3D 掃描技術的原理與特色。

3D 掃描器的原理

3D 掃描器能夠以非接觸的方式來掃描實物的表面形狀。其用途很多，像是檢測、反向工程等。由於軟體與硬體的性能有所進步，而且市面上出現低價產品，所以 3D 掃描器的引進門檻也變低了。

跟 3D 列印機一樣，3D 掃描器也分成了許多種掃描方式。首先，我想要介紹許多掃描方式都共通的基本知識。

掃描後所取得的是點雲資料（point cloud）

3D 掃描器會將產品表面的形狀掃描成「將表面完全覆蓋的點狀座標集合體」，也就是點雲資料。人們會依照用途來將這種點雲資料轉換成多邊形資料（以各點作為頂點的三角形集合體）、透過算式來呈現曲面的 CAD 資料。有些 3D 列印機也具備「自動將點雲資料轉換成多邊形資料」的功能。由於多邊形資料只能用來呈現表面，所以有時候會先將資料轉換成裡面塞滿了小塊狀資料的立體像素資料後，再進行編輯。

舉例來說，掃描完加工後的產品形狀，並想要與設計時所製作的 3D-CAD 資料進行比較時，就能直接運用點雲資料。另一方面，進行 3D 掃描後，想要使用 3D 列印機再次將其製作成立體模型時，多邊形資料是必要的。要將資料運用於反向工程等必須變更形狀的設計過程中時，必須將資料轉換成 CAD 資料。

多次掃描是必要的

一般來說，這種「透過 3D 掃描器來計算出表面的座標位置」的方法，會依照投光器（projector）與受光器（receiver）的相對位置等來運用三角測量的原理。詳細內容後面會說明，這種方法的原理為，使用雷射光來掃描實物表面，或是透過投光器來照射特定的圖案光（pattern light）。這部分的重點在於，無論採取何種方式，在一次掃描中，無法取得表面的所有點雲資料。這是因為，「背

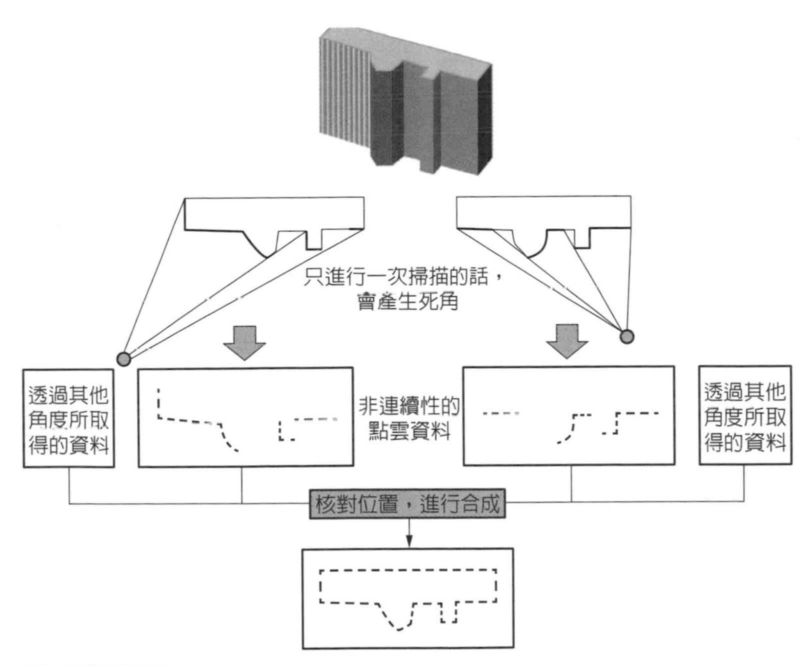

點雲資料的合成

使用 3D 掃描器時，只進行一次掃描的話，無法取得目標的所有表面資料。依照形狀與掃描方向，有些部分會成為死角。要從各個角度進行掃描，然後核對各點雲資料的位置後，再進行合成，藉此來取得整個表面的點雲資料。

面是看不到的」這點當然不用說，只進行一次掃描的話，還是會存在很多死角。

因此，必須對已取得的點雲資料進行合成處理。正確地對照多筆局部點雲資料的位置，將從各個角度掃描到的點雲資料彙整起來，藉此就能取得整體的表面資料。

以前，人們會將名為「Marker」的標記物貼在目標的表面上，當做核對位置的基準。不過，關於最近的 3D 掃描器，由於電腦的運算速度有所提昇，所以光是透過形狀的特徵，就能進行高精準度的位置核對。不過，當目標呈現連續性的平滑形狀，且沒有明顯的特徵時，還是必須使用標記物。

資料處理軟體的種類也很豐富

如同前述，想要運用透過 3D 掃描器所取得的點雲資料時，必須將資料轉換成多邊形資料或 CAD 資料。有時候 3D 掃描器廠商會提供獨自研發的附屬軟體，就算廠商沒有提供，也能使用專業軟體供應商所提供的通用軟體。最近，也有企業免費提供具備一定功能的軟體。

再加上，也有廠商推出了「將掃描過程自動化」的軟體。這類軟體能夠操控安裝了 3D 掃描器的機器人，自動地執行掃描指令，進行資料處理。如同前述，我們必須透過各個角度來取得掃描資料，所以「從哪個方向進行掃描，精準度最高，所需的掃描次數最少」這一點會因目標的形狀而異。

因此，在「必須對目標物的形狀進行某種程度的預測，並反覆對該目標物進行測量」的檢測過程中，人們似乎對自動化軟體有很高的需求。提昇這類軟體的豐富程度，也有助於推廣 3D 掃描器的運用。

透過 3D 掃描器取得的 3D 資料

大致上可分成「主動式」與「被動式」

那麼，關於 3D 掃描器的測量方式，接下來我想要再稍微詳細地說明一下。不用接觸物體就能測量形狀的 3D 掃描器，大致上可分成「主動式」與「被動式」。

主動式採用的方法為，將 3D 掃描器發出的雷射光等照射在目標物上，藉由觀察其反應與狀態來判斷形狀。目前，精準度能達到某種程度的 3D 掃描器，主要都採用這種方法。另一方面，被動式所採用的方法，並不是使用 3D 掃描器來對目標物照射某種光線，而是的確只會透過外觀來判斷。在完全黑暗的環境中，當然無法測量，由於使用的是與 3D 掃描器無關的其他光源，所以才叫做「被動式」。這種方法能透過多張照片資料來合成 3D 資料，應該可以說是較簡單的方法吧！

主動式還能進一步地分成若干種具體的方法。在這裡，我想要簡單地介紹（1）運用三角測量的光線切斷法、（2）運用三角測量的相位差法、（3）時差測距（time-of-flight，簡稱 T.O.F）。

光線切斷法的原理為，對目標物照射線條狀（縫隙狀）的雷射光，然後透過攝影機來觀看該反射光，藉此取得表面座標。也就是說，要透過「雷射的照射角度、反射光照過來的角度、雷射與感應器之間的距離」來計算座標。此方法運用了「只要知道三角形其中一邊的長度與其兩端的角度，就能得知最後的頂點位置」這項原理。

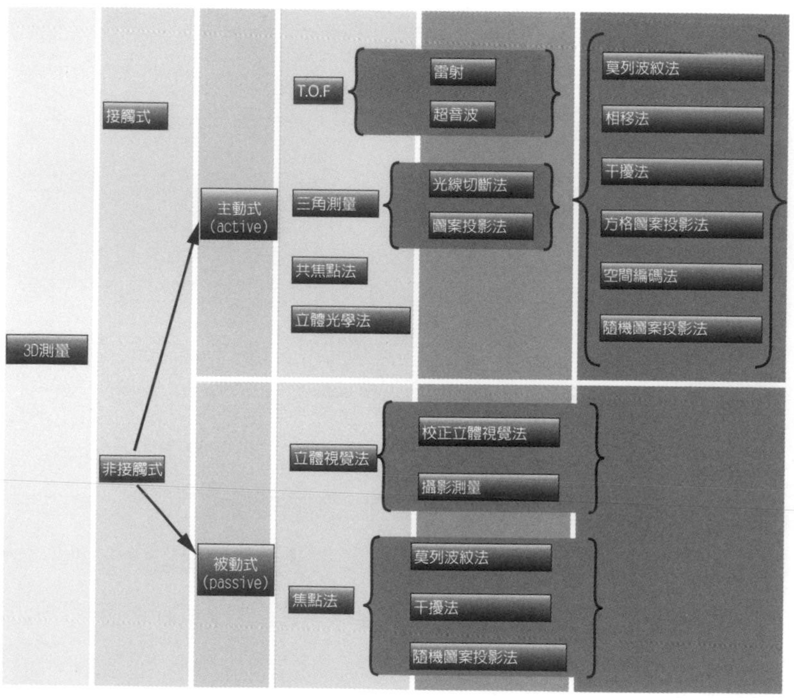

主要的 3D 掃描方式

此方法能夠以 ±20～50μm 的精準度來進行測量，所以許多用於反向工程等用途的 3D 掃描器會採用此方法。除了工業用途以外，也有以「測量建築物等」為目的的中長距離型 3D 掃描器。雖然測量範圍達到數十公尺至數公里之廣，但精準度只能達到 ± 幾 mm 至 ±1cm 之間。

3D 掃描時的情況

透過位於裡面的 3D 掃描器來向目標物照射圖案光。

基本上，能夠輸出的資料為大容量的點雲資料，所以要透過 3D 列印等設備來製作模型時，必須使用特殊軟體將點雲資料轉換成多邊形資料。因此，操作時必須具備專業知識。

雖然相位差法（圖案投影法）能夠再分得更細，但在這裡，我要說明一個結合了「相位差法」與「空間編碼法」的方法。此方法的原理為，先讓一道光線變化為多道光線，再將該光線照向目標物，然後透過與反射光線之間的相位差，來求得與目標物之間的距離。

具體來說，就是照射條紋圖形（fringe pattern）的光線。一邊進行投影，一邊讓光線變化為粗細不一的條紋圖案。簡單地說，就是透過攝影機將「由目標物投影而成的條紋圖形的外觀」擷取成

由目標物投影而成的圖案光

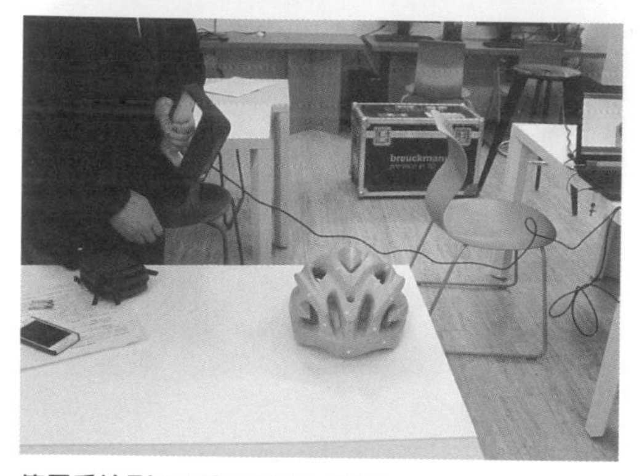

使用手持型 3D 掃描器時的情況

2D 圖片，然後藉由圖片分析來計算出表面形狀（與 3D 掃描器之間的距離）。以非接觸式 3D 掃描器來說，運用這種方式能夠達到最高的精準度。許多 3D 掃描器的精準度大約為 ±5 ～ 30 μm。

最後的時差測距（time-of-flight）如同字面上的意思，指的是透過「從飛過去到飛回來所花的時間」來算出距離的方法。使用雷射光等來照射目標物，然後計算「光線從目標物表面反射回來所花費的時間」，透過光線的速度來推算出距離。不過，由於光線的速度太快了，所以測量到的時間的誤差也會對距離產生很大影響。因此，精準度為 ±0.2 ～ 0.4 μm，比前面兩種方法來得低。

事先來介紹一種新的主動式掃描方法吧！這是美國 Microsoft 公司的遊戲主機「Xbox 360」專用的攝影機裝置「KINECT」所採用的技術。該裝置搭載了 RGB（紅、綠、藍）攝影機、深度感應器及多組陣列式麥克風等。原本的研發目的為，測量遊戲玩家的動作，將其視為輸入訊號，藉此來操控遊戲。此裝置以低廉的價格發售，而且也公開了開發者工具包，受到世界各地的開發者的注目。

透過 Kinect，可以經常透過紅外線來將「隨機點綴了圓點的大型四方形圖案」投影在目標物的表面上，並透過紅外線攝影機來拍攝該畫面。透過那些圓點的大小、明暗、形狀的扭曲變化來計算距離。透過影像處理來掌握圖案內的所有圓點的移動量，藉此在拍攝到的影片的所有畫格（frames）中完成 3D 掃描。據說，即使在靠近拍攝的情況下，也會產生 ±1.5 ～ 2.5cm 的測量誤差，所以也許不適合用於必須要求正確尺寸的工業用途。不過，以「只要能將大概的形狀掃描成 3D 資料即可」這種個人用途來說，今後似乎會逐漸普及。

從 2014 年 6 月開始接受預購的「Kinect for Windows v2 」與 v1 不同，採用了時差測距（Time-of-Flight，TOF）技術，所以精準度與便利性的提昇似乎很值得期待。

透過照片來製作 3D 資料

比 Kinect 式掃描法更加簡單的是，透過照片（2D 圖片資料）來製作 3D 資料的方法。此方法

裝設了許多台 iPod 的照相亭
使用 **iPod** 的照相功能。

可以歸類為被動式。

由於是透過數位相機從各個方向拍攝，再使用該資料進行影像處理，所以基本上只是結合了相機功能與軟體。比起 3D 掃描器這種設備，此方法更加重視的，是「透過現有的圖片資料來製作 3D 資料」這種軟體層面的研發。

在設備方面，目前已經出現了「事先準備了許多台數位相機，可以從四面八方同時進行拍攝的照相亭」。目的在於，要將人物等目標物的形狀轉換成資料。如果從各個方向一張張地拍攝的話，只要人的姿勢一改變，就無法製作出正確的 3D 資料。為了解決這個問題，所以要設置許多台相機。雖然無法期待高精準度，但如果目的為製作個人公仔之類的話，這種程度的 3D 資料是夠用的。

內部結構的 3D 資料化

這裡所介紹的 3D 掃描器基本上是用來掃描表面形狀的設備，不過也有用來掃描內部結構的 3D 掃描器。那類 3D 掃描器主要為用於醫療現場的檢查設備，像是 X 光電腦斷層掃描器、核磁共振攝影（MRI）及超音波檢查設備等。

使用這些設備時，必須要注意到，有時候會無法清楚地呈現物體的表面（邊界）。

例和，使用 X 光電腦斷層掃器時，會從各個方向照射 X 光，並測量穿透到另一邊的 X 光的強度。當物體的密度很高，或是帶有許多 X 光不易穿透的物質時，照射出去的 X 光的強度自然就會降低。藉由綜合性地判斷該資訊，來辨別目標物的密度。

因此，我們必須設定一個閾值（threshold），當密度達到某種程度時，就能判斷目標物質是否存在。在判斷這個部分時，比起由「1」和「0」所構成的數位技術，更加重視類比思維，因此難度很高。

在實際的現場中，人們會一邊將這些類比資訊與醫學知識混雜在一起，一邊進行判斷，並持續做出決定。「如何提昇這種資料修正工作的效率」這一點似乎會成為今後的課題。

內部結構的 3D 資料化技術也持續地被運用在工業用途上。運用方式包含了，用來檢查鑄造品當中名為「巢」的內部瑕疵，以及在已將產品組裝起來的狀態下，將產品的內部結構掃描成 3D 資料，以檢驗組裝品質。雖然「設備依然相當昂貴」這一點是瓶頸，但今後的運用範圍應該會更加擴大吧！

3D 掃描器的優點與課題

3D 掃描器的主要用途，可以分成以下四項。

（1）檢查．測量

用來檢查或測量成型品與產品的尺寸。藉由比較「用來當作設計資訊的 3D-CAD 資料」與「透過 3D 掃描器取得的實物形狀資料」，來製作幾何偏差報告等。

想要確保品質的話，正確地測量零件的立體形狀是不可或缺的。尤其是近年來，有愈來愈多人不僅會透過特定的點間距離（尺寸公差），也會透過幾何形狀（幾何公差）來確保品質。

（2）反向設計

透過 3D 掃描器來取得實物的形狀，忠實地製作出 3D 資料。

（3）重新設計

對實物進行 3D 掃描，然後一邊調整尺寸一邊製作 3D 資料。

（4）用來當作範本

對實物進行 3D 掃描，將該資料當作範本，進行設計。

（5）其他

除了這些用途以外，如果不是以實物的方式來保管「以手工方式修改過形狀的設計．實物模型或金屬模具等」，而是以

3D 資料的形式來保管的話，之後要變更設計時，或是想要使用 3D 列印機製作試作品時，就能輕易地使用這些資料。

【優點】

（1）能夠取得實物的 3D 資料

以 3D 掃描器的功能來說，這是理所當然的，不過在這裡指的是，取得目前的資訊。能夠以數位資料的形式，將「會隨著時間而產生變化的物體」記錄下來，像是人類的成長。

（2）能夠取得各種資訊

有愈來愈多 3D 掃描器不僅能取得形狀資訊，還能取得表面顏色資訊。基本上，在取得形狀資訊時，會同時透過相機來擷取圖片。

（3）幾何形狀的檢查變得容易

以前在檢查經過成型加工的零件的形狀時，會測量特定位置的 2 點間距離。如果運用 3D 掃描器的話，藉由與設計資料比較，就能檢查整體的形狀。

（4）不需接觸目標物

可以在不讓目標物產生負擔的情況下，製作文物等的複製品。在這種情況下，複製品的製作未必要使用 3D 列印機。

【課題】

（1）資料處理很費事

在原理的部分有介紹過，透過 3D 掃描器所取得的是點雲資料（或者是自動透過點雲資料轉換而成的多邊形資料）。雖然也可以直接運用該資料，不過在必須對形狀進行編輯的情況下，就需要轉換檔案格式。

另外，由於資料會受到「死角部分、表面顏色、反射率」等因素的影響，所以「缺少某些無法被掃描成資料的部分」這種情況也很常見。

（2）沒有設備是萬能的

就算大家認為「簡便性、設備價格、測量精準度是無法兼顧的」也沒關係。另外，各產品的測量範圍各有差異。想要測量較大的範圍時，最好選擇「掃描一次就能取得大範圍資料」的機種，不過測量精準度也會相對地下降。

有時候也會因為目標物表面的顏色或光澤而出現無法測量的情況，所以必須特別留意。

（3）無法得知從表面看不到的部分的形狀

從這個意義來看，電腦斷層掃描器、MRI 等廣義上的 3D 掃描器是必要的。

3D 掃描器的產品趨勢

近年來，3D 掃描器的價格已經大幅降低了。以前的設備大多為工業用，而且售價幾乎都在 1000 萬日圓以上。設備的尺寸也相當龐大，必須準備工廠之類的寬敞空間。

現在的 3D 掃描器已變得較小，即使一個人也拿得動。不過，由於沒有小到單手就拿得動，所以一般來說，會將 3D 掃描器固定在三腳架上，然後轉動目標物，以測量目標物的各個角度。現在也出現了「能自動地轉動上面放了目標物的測量平台，並控制測量時機」的裝置。雖然會限制目標物的尺寸，但只要將目標物設置好，直到測量完畢為止都是全自動的，所以很有效率。

從幾年前開始，能夠單手拿著操作的手持型 3D 掃描器也變多了。由於是一邊移動 3D 掃描器主體，一邊進行測量，所以沒有必要轉動目標物。舉例來說，在測量人的全身時，就適合採用這種設備。不過，由於必須讓 3D 掃描器從各個方向對著目標物，所以需要較長的掃描時間。本公司為了進行全身

這台一體成型的 3D 掃描器搭載了「測量平台」驅動裝置，可放置目標物。

掃描，所以引進了一種藉由在周圍裝設多個 3D 感應器來縮短測量時間的全身掃描器。

最近，3D 掃描器的價格也持續降低。美國 3D Systems 公司的「Sense」在國內以約 6 萬日圓的低價發售，引發了話題。該公司最近也在研發一款名為「iSense」的產品，此產品要裝在 iPad 上使用。

再者，現在也已經出現了「透過數位相機所拍攝的照片資料來製作 3D 資料」的技術，所以根據情況，也能製作出更加便宜的 3D 掃描器。

不過，大家必須要注意到，能夠達到的精準度是有所差異的。雖然可以期待，藉由改良影像處理的演算法來提昇精準度，但能夠提昇的程度是有限的。要選擇的 3D 掃描器，應該會隨著「要將透過 3D 掃描器取得的資料用於什麼目的、要在哪裡使用」等因素而改變吧！

後記

從 2012 年後半開始，3D 列印機熱門到確實可以說是掀起熱潮的程度。在撰寫這篇後記的 2014 年夏天，這股熱潮也逐漸降溫。

當熱潮退燒，失去新鮮感後，根據情況，許多曾經流行過的事物本身也可能會消失。

就我個人的觀點來看，我認為這次的 3D 列印機熱潮是國內第三次發生。

在 2000 年左右，出現了第一次熱潮，國外公司製造的高階機種在市場上大量出現。不過，當時願意引進設備的幾乎都是大企業的生產技術部門、大學、研究機構。然後，國內也出現了很積極的製造商，市場上也曾出現過 300 萬日圓以下的個人用 3D 列印機。不過，當時，由於 3DCAD 等軟體到了之後才普及，再加上當時的主流是「設計圖」，所以許多 3D 列印機公司遭到合併，而且有些國外公司也退出了日本市場。

2007 年時，本公司正好剛創立不久，3D 列印機以「 3D 影印機」、「3 次元印刷機」這種用語在媒體之間造成流行。本公司也在電視台與雜誌出版社等的委託下，對甜瓜或鳳梨等水果進行 3D 掃描，然後透過彩色 3D 列印機來製作宣傳用的模型。因此，以印刷業為主的企業引進了 3D 列印機，開始提供 3D 列印服務，但大多數企業似乎都以失敗收場。3D 資料的運用果然還是跟 2D 圖像資料不同，情況似乎不順利。另外，當時的設備與應用軟體也很昂貴，3D 列印服務不符成本。

其實，本公司也以「街上的 3D 列印店」這種概念，從東京出發，在大阪、名古屋設立店鋪，經營個人取向的 3D 數位服務事業，但情況相當不順利，有段期間經營得很辛苦。一般人果然還是不熟悉「製作 3D 資料」這件事，另外，就算要透過「往往被認為很簡單的 3D 掃描技術」來製作 3D 資料，能夠修改 3D 掃描資料的軟體又少又貴，所以客戶大多為企業用戶。

後來，從 2012 年下半開始，以克里斯·安德森（Chris Anderson）的著作《Makers》的出版為開端，美國總統歐巴馬在發表國情咨文時，提到了 3D 列印機。於是，3D 列印槍枝問題等許多關於 3D 列印機的話題到處流傳，並演變成甚至被人稱為第 3 次工業革命的熱潮。另外，我認為，2009 年 FDM 法（熔融沉積成型法）的基本專利到期，個人也買得起的 3D 列印機開始出現在市場上，也是引發熱潮的重要因素。

另外，3D 掃描器也同樣有進步，並開始普及。我認為，Microsoft 公司的 Kinect 在個人用戶中變得普及，是一項特別重要的契機。再加上，Microsoft 公司也以開放原始碼的形式公開了開發工具，我認為這一點更進一步地促進了 3D 掃描器的普及。由於藉由使用 Kinect 就能體驗過去個人怎樣都買不起的 3D 掃描器，所以我覺得這一點很厲害。

於是，企業當然不用說，想要購買 3D 列印機或 3D 掃描器的個人用戶也急遽增加。到了現在，在山田電機等家電量販店內，或是透過 Amazon 網路購物，都能買到這些產品。我認為，下一步肯定是，在相關產業中尋找商機。我的朋友，角川 ASCII 綜合研究所的遠藤諭先生，認為可以用 3 個詞彙來呈現「3D 列印機與 3D 掃描器的個人化時代」的特徵。

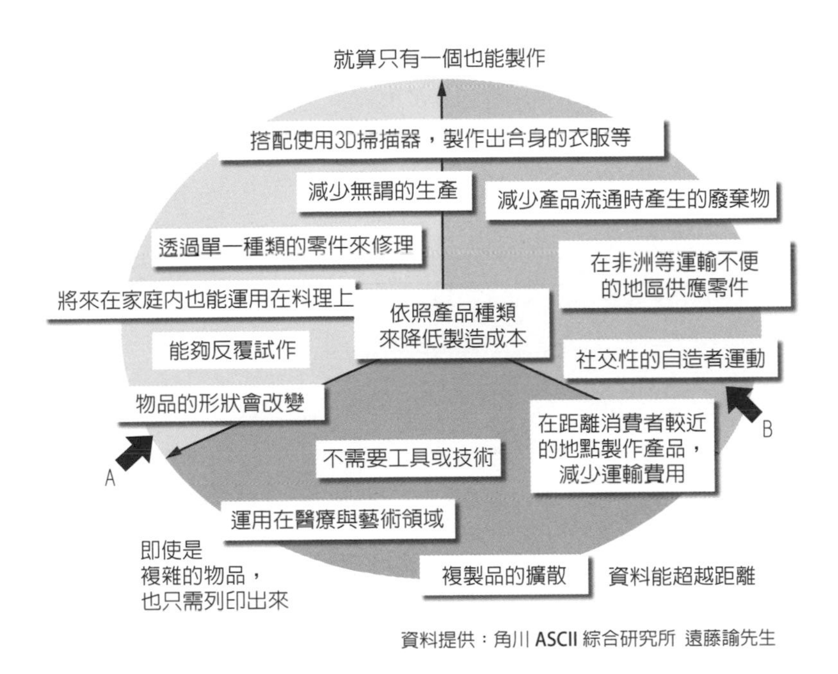

資料提供：角川 ASCII 綜合研究所 遠藤諭先生

「就算只有一個也能製作」、「即使是複雜的物品，也只需列印出來」、「資料能超越距離」。我心想，原來如此。在目前這個時代，個人也買得起原本被視為製造業與專業部門的器材的 3D 列印機與 3D 掃描器，而且能夠透過網路來交流資料。現在正是新時代的開端，人們開始將 3D 技術視為一種溝通方法，並正式地運用這項技術。因此，關於 3D 列印機，我的理解為，被稱為熱潮的時期已經過去了，現在正逐漸進入扎根的階段。

其中一個例子為，在日本，DMM.com 公司也成立了 DMM.make 網站，開始在這個創作平台上提供列印服務與 3D 資料共享服務，並引發了話題。在用戶方面，據說不僅個人用戶，連企業用戶也增加了，事業規模持續地擴大。

在 2014 上半年，Google 與規模最大的 3D 列印機廠商美國 3D Systems 公司一起發表了 Google Project Ara（http://www.projectara.com/），引發了熱烈討論。在這項計畫中，會將智慧型手機的零件模組化，並將資料公開給一般民眾，甚至還會透過 3D 列印機來製作各個零件與基板的一部分。3D Systems 正在為此計畫研發 3D 列印機，據說列印速度可以達到過去的 50 倍。另外，他們也發表了一項消息，在 2015 年 1 月，以 3D 列印機製作而成的智慧型手機將以 50 美元起的驚人價格發售。

今後，由於 3D 列印機與 3D 掃描器等設備的普及，以及 3D 資料的流通，所以其他行業應該會一邊打破製造業、服務業這種行業的藩籬，一邊創造出新的市場吧。根據情況，其他行業也許會進入現有行業的市場中，並取而代之。有的人認為這是危機，有的人則覺得應該抓住機會。我認為，當典範轉移（paradigm shift）現象發生的瞬間就是機會，能碰上這個時期反而是幸運的，應該積極地接受這種情況。

另外，同樣在 2014 上半年，Oculus Rift 因為被 Facebook 收

購而成為話題。關於 Oculus Rift 這類虛擬實境裝置的普及，3D 資料的流通是很重要的，我們可以輕易地想像到，3D 資料與社群網路會逐漸地融合。

對於以製造技術立國的日本來說，至今為止的技術改善與經驗累積是非常重要的，而且我們可以說，「正視現今的典範轉移，並接受現實」的時期已經到來。

要保留好的東西，至於新的東西，藉由讓各行各業的人互相交流，應該就能產生不受刻板印象拘束的想法與商業模式。最後，希望大家能記住，運用日本人那種擅長結合傳統與創新的性格，引領現在正在起步的 3D 時代的機會，對任何人來說都是平等的。期待本書能夠為大家創造某種契機。

我要藉著這個機會，再次向撰寫本書時提供協助的人以及編輯，還有參與製作本書的所有人，表達謝意。

原 雄司

初出／参考文献

1）原雄司、「映画に革命を起こした話題の3Dツール、人形の表情を150万通りにもできたワケ」、「あらゆる分野に広がるリアル3Dビジネス」、『日経ビジネスONLINE』、2013年4月18日.
http://business.nikkeibp.co.jp/article/report/20130415/246684/

2）原雄司、「大手メーカーも3Dプリンターでいよいよ量産？分かりやすい切削手法にもっと日を当てよう」、同上、同上、2013年6月19日.
http://business.nikkeibp.co.jp/article/report/20130617/249787/

3）原雄司、「"街中で3Dプリント"が現実のものになってきた、様々な業種がサービスに参入、各社が特徴を前面に」、同上、同上、2013年9月19日.
http://business.nikkeibp.co.jp/article/report/20130913/253348/

4）原雄司、「スナップ写真感覚で自分フィギュアを3D造形！アイデア次第で市場には大きな広がりが期待できる」、同上、同上、2013年10月3日.
http://business.nikkeibp.co.jp/article/report/20130930/254036/

5）毛利宣裕、「なぜ中野にアンテナショップ☒」、「『あッ 3Dプリンター屋だッ!!』」、『日経テクノロジーオンライン』、2014年4月24日.
http://techon.nikkeibp.co.jp/article/COLUMN/20140422/347983/

6）中山ほか、「3Dプリンタで膨大な試作、使いやすさを徹底的に刷新」、「パワーアップする試作」、『日経ものづくり』、2013年10月号.

7）中山、「3Dプリンターで造形したレプリカはどっち？」、同上、2014年4月号、pp.19, 21.

8）中山、「3次元プリンタ。実物を素早く安く手に入れ、形状や物性を確認　治具や試作型向けに用途の幅が広がる」、同上、2012年6月号、pp.92-95.

9）中山、「プロ向けの最新3Dプリンタ続々、活況呈する「EuroMold 2013」」、同上、2014年1月号、pp.18-19.

10）中山ほか、「3Dコピー機や食品向けなども登場、米展示会「CES」で新3Dプリンター相次ぐ」、同上、2014年2月号、pp.21-23.

11）中山、「次世代3Dプリンターの国プロが始動、5年後に速度10倍、精度5倍を目指す」、同上、2014年3月号 pp.19-20.

12）中山、「3次元スキャナ活用の基礎知識。実物の表面形状を点群で表現　寸法だけでなく幾何形状を評価可能に」、同上、2012年10月号、pp.79-81.

PROFILE

原 雄司

K's DESIGN LAB執行董事兼總裁（代表取締役）。在2006年，以「透過傳統與數位的融合來改變世界！」為口號，設立了K's DESIGN LAB。將3D數位製造技術運用在製造業、設計、藝術、醫療、娛樂等各個領域中。

TITLE

3D列印機 X 3D掃描器 新時代

STAFF

出版　瑞昇文化事業股份有限公司
作者　原 雄司
譯者　李明穎
監譯　大放譯彩翻譯社

總編輯　郭湘齡
責任編輯　黃思婷
文字編輯　黃美玉　莊薇熙
美術編輯　謝彥如
排版　曾兆珩
製版　大亞彩色印刷製版股份有限公司
印刷　桂林彩色印刷股份有限公司
　　　紘億彩色印刷股份有限公司
法律顧問　經兆國際法律事務所　黃沛聲律師

戶名　瑞昇文化事業股份有限公司
劃撥帳號　19598343
地址　新北市中和區景平路464巷2弄1-4號
電話　(02)2945-3191
傳真　(02)2945-3190
網址　www.rising-books.com.tw
Mail　resing@ms34.hinet.net

初版日期　2016年7月
定價　350元

國家圖書館出版品預行編目資料

3D列印機X3D掃描器新時代 / 原雄司作；李明穎譯. -- 初版. -- 新北市：瑞昇文化, 2016.07
248　面；14.8 x 21　公分
ISBN 978-986-401-107-0(平裝)

1.印刷術

477.7　　105010060